Sobotta

Atlas der Anatomie

Tabellen zu Muskeln, Gelenken und Nerven

3. Auflage
Herausgegeben von
F. Paulsen und J. Waschke

ELSEVIER

Sobotta

Tabellen zu Muskeln, Gelenken und Nerven

Herausgegeben von F. Paulsen und J. Waschke

Die Abbildungsnummern, auf die in den Tabellen verwiesen wird, beziehen sich auf die Abbildungen im Sobotta-Atlas, 24. Auflage (Band 1 bis 3).
Das Tabellenheft ist auch unabhängig vom Sobotta-Atlas zum systematischen Lernen und Wiederholen verwendbar.
Abkürzungen: U = Ursprung, A = Ansatz, F = Funktion.

ELSEVIER
Hackerbrücke 6, 80335 München, Deutschland.
Wir freuen uns über Ihr Feedback und Ihre Anregungen: books.cs.muc@elsevier.com

ISBN 978-3-437-44014-4

Anschriften der Herausgeber:
Professor Dr. med. Friedrich Paulsen
Institut für Anatomie Lehrstuhl II (Vorstand)
Friedrich-Alexander-Universität, Erlangen-Nürnberg
Universitätsstraße 19
91054 Erlangen

Professor Dr. med. Jens Waschke
Anatomische Anstalt der LMU München
Lehrstuhl Anatomie I – vegetative Anatomie
Ludwig-Maximilians-Universität
Pettenkoferstraße 11
80333 München

Bibliografische Information der Deutschen Nationalbibliothek
Die Deutsche Nationalbibliothek verzeichnet diese Publikation in der Deutschen Nationalbibliografie; detaillierte bibliografische Daten sind im Internet über http://www.d-nb.de abrufbar.

17 18 19 20 21 5 4 3 2 1

Planung: Benjamin Rempe, Dr. Katja Weimann, Dr. Konstanze Knies
Projektmanagement: Dr. Andrea Beilmann, Sibylle Hartl
Redaktion: Dr. Antje Kronenberg, Gronau
Herstellung: Dr. Andrea Beilmann, Sibylle Hartl
Layout: Nicola Neubauer, Olching
Satz: abavo GmbH, Buchloe
Druck und Bindung: Drukarnia Dimograf Sp.z.o.o., Bielsko-Biała/Polen
Umschlaggestaltung: Stefan Hilden, hilden_design, München; SpieszDesign, Neu-Ulm

Aktuelle Informationen finden Sie im Internet unter www.elsevier.com und www.elsevier.de

Inhaltsverzeichnis

Tabellen zu Muskeln, Gelenken und Nerven

1 Gesichtsmuskeln (→ Abb. 8.76–8.78, → Abb. 11.2, → Abb. 11.14)

Die mimischen Muskeln entspringen nur zum Teil an umschriebenen Knochenarealen. Sie strahlen allesamt in die Haut ein.

a Stirn, Scheitel, Schläfe

M. occipitofrontalis
N. facialis [VII]
M. occipitofrontalis und M. temporoparietalis werden zusammen als M. epicranius bezeichnet.

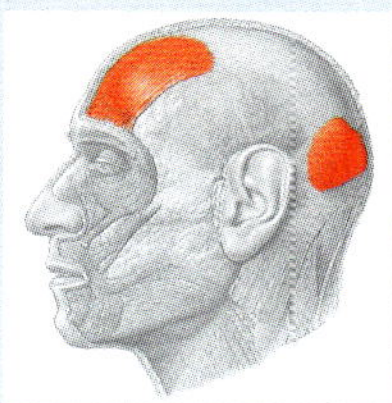	**U: Venter frontalis:** Haut der Stirn **Venter occipitalis:** Linea nuchalis suprema	**A:** Galea aponeurotica	**F:** Stirn **Venter frontalis:** Stirnrunzeln, hebt Augenbrauen (Erstaunen) **Venter occipitalis:** glättet Stirnfalten, zieht Kopfhaut nach hinten

M. temporoparietalis
N. facialis [VII]

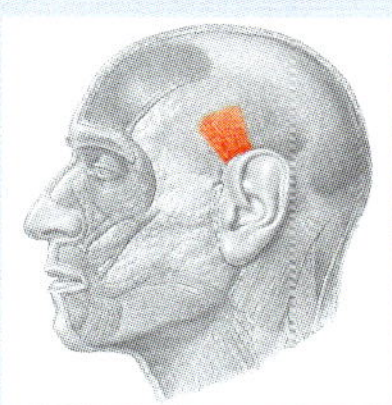	**U:** Haut der Schläfe, Fascia temporalis	**A:** Galea aponeurotica	**F:** bewegt die Kopfhaut nach unten, spannt Galea aponeurotica; Funktion allerdings nicht sehr ausgeprägt

b Ohrmuschel

M. auricularis anterior
N. facialis [VII]

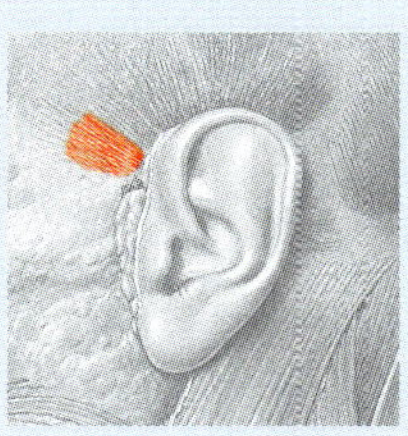	**U:** Fascia temporalis	**A:** vorne an der Ohrmuschel	**F:** bewegt die Ohrmuschel nach vorne oben

M. auricularis superior
N. facialis [VII]

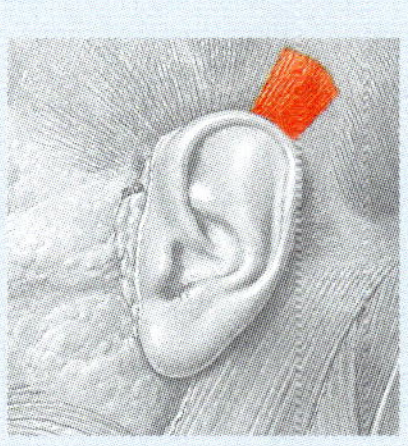	**U:** Galea aponeurotica	**A:** oben an der Ohrmuschel	**F:** bewegt die Ohrmuschel nach hinten oben

M. auricularis posterior
N. facialis [VII]

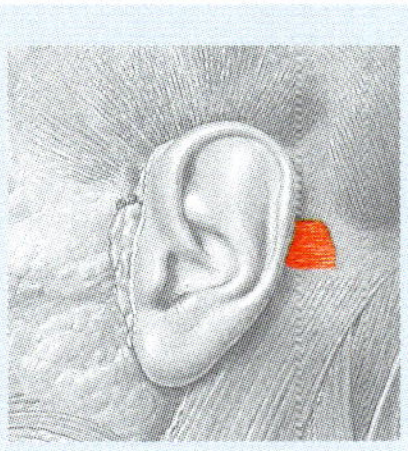	**U:** Proc. mastoideus	**A:** hinten an der Ohrmuschel	**F:** bewegt die Ohrmuschel nach hinten

1 Gesichtsmuskeln (Fortsetzung)

c Lidspalte

M. orbicularis oculi (umgibt sphinkterartig den Aditus orbitae)
N. facialis [VII]

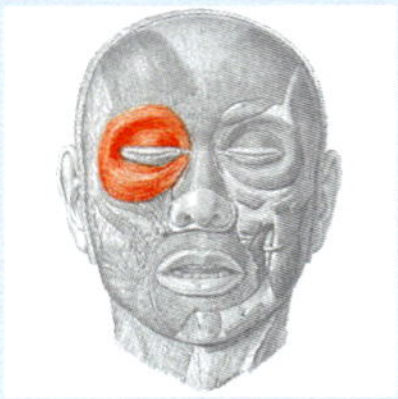

U: Pars orbitalis: Crista lacrimalis anterior, Proc. frontalis der Maxilla, Os lacrimale, Lig. palpebrale mediale
Pars palpebralis: Lig. palpebrale mediale
Pars lacrimalis (HORNER-Muskel): Crista lacrimalis posterior des Os lacrimale

A: Pars orbitalis: Lig. palpebrale laterale
Pars palpebralis: Lig. palpebrale laterale
Pars lacrimalis: Tränenröhrchen, Lidränder, hinterer Teil des Septum lacrimale

F: Pars orbitalis: schließt die Augenlider kraftvoll
Pars palpebralis: schließt die Augenlider sanft, stabilisiert das Unterlid; am Lidschlag beteiligt
Pars lacrimalis: führt zu einem bislang noch nicht vollständig verstandenen Druck-Sog-Mechanismus, der Tränenflüssigkeit durch die Tränenkanälchen in den Tränensack leitet → Förderung des Tränenabflusses

M. depressor supercilii (Abspaltung der Pars orbitalis des M. orbicularis oculi)
N. facialis [VII]

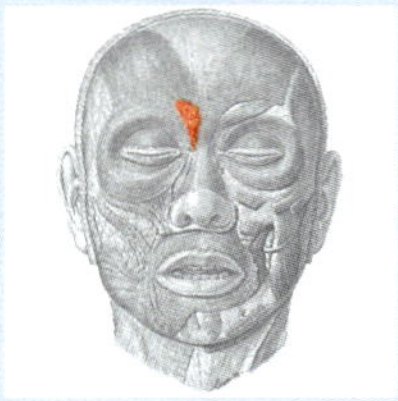

U: Pars nasalis des Os frontale, Nasenrücken

A: mediales Drittel der Haut der Augenbraue

F: senkt die Haut der Augenbrauen

M. corrugator supercilii
N. facialis [VII]

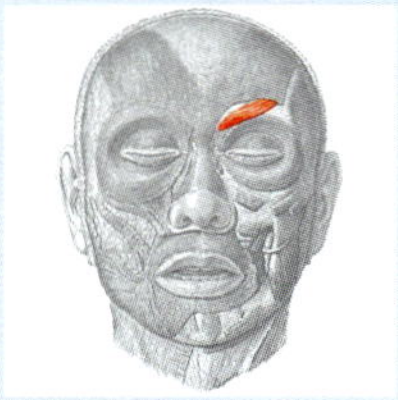

U: Pars nasalis des Os frontale

A: mittleres Drittel der Haut der Augenbraue

F: zieht die Haut der Stirn und der Augenbrauen zur Nasenwurzel, erzeugt eine senkrechte Falte über der Nasenwurzel (Zorn, Nachdenken); unterstützt kraftvollen Lidschluss

M. procerus
N. facialis [VII]

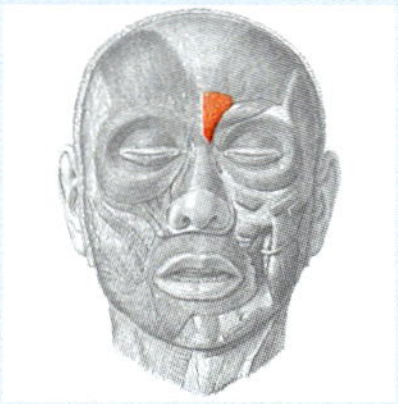

U: Os nasale

A: Haut der Glabella

F: zieht den medialen Bereich der Augenbraue nach unten; dabei entstehen auf dem Nasenrücken quer verlaufende Falten (Naserümpfen)

1 Gesichtsmuskeln (Fortsetzung)

d Nase

M. nasalis
N. facialis [VII]

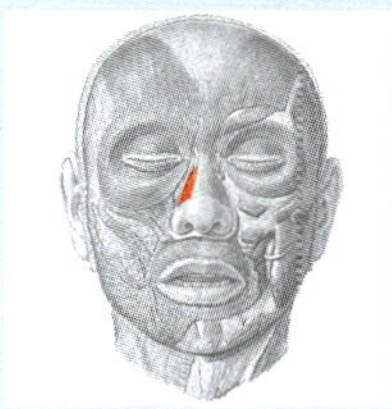	**U: Pars alaris:** Maxilla auf Höhe des seitlichen Schneidezahns **Pars transversa:** Maxilla auf Höhe des Eckzahns	**A: Pars alaris:** Nasenflügel, Rand des Nasenlochs **Pars transversa:** Sehnenplatte des Nasenrückens	**F:** bewegt die Nasenflügel und damit die Nase **Pars alaris:** erweitert die Nasenöffnung **Pars transversa:** verengt die Nasenöffnung (Erstaunen, Heiterkeit)

M. depressor septi nasi
N. facialis [VII]

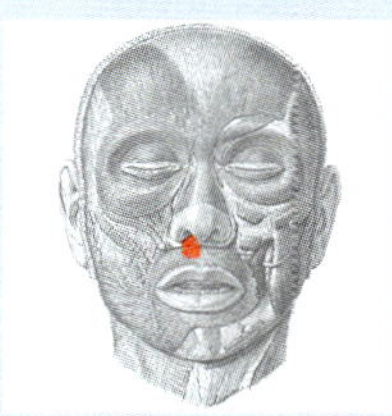	**U:** Maxilla auf Höhe des medialen Schneidezahns	**A:** Cartilago septi nasi	**F:** bewegt die Nase nach unten, erweitert Nasenlöcher

e Mund

M. orbicularis oris
N. facialis [VII]

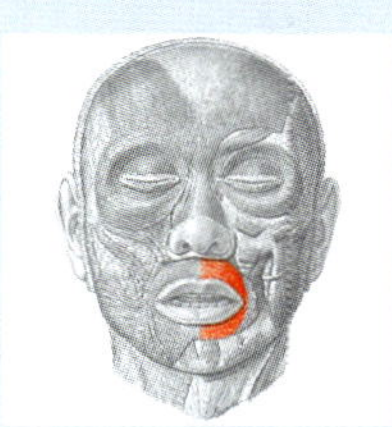	**U: Pars marginalis** und **Pars labialis:** lateral des Angulus oris	**A:** Haut der Lippe	**F:** schließt die Lippen, Erzeugen der Lippenspannung **Pars marginalis:** Einziehen des Lippenrots nach innen **Pars labialis:** Vorwölben der Lippenspitzen des Mundes → Die Muskeln von Ober- und Unterlippe können unabhängig voneinander agieren. → Der Muskel dient der Nahrungsaufnahme, der Artikulation und der Mimik

M. buccinator
N. facialis [VII]

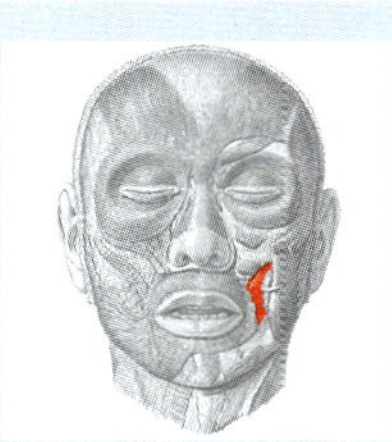	**U:** Maxilla, Raphe pterygomandibularis, Mandibula	**A:** Angulus oris	**F:** spannt die Lippen, bewirkt eine Erhöhung des Innendrucks der Mundhöhle, z. B. beim Blasen oder Kauen, drückt die Wangen gegen die Zähne; verhindert, dass man sich beim Kauen auf die Wangen beißt

M. levator labii superioris
N. facialis [VII]

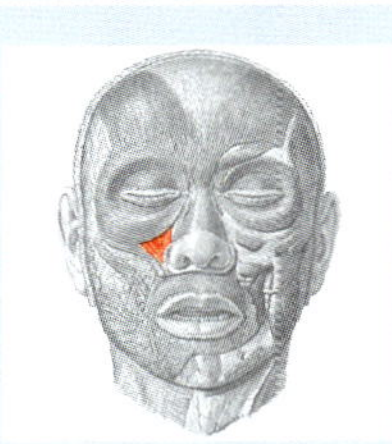	**U:** Maxilla über Foramen infraorbitale	**A:** Oberlippe	**F:** zieht die Oberlippe nach lateral oben, erweitert Nasenlöcher (Unzufriedenheit, Weinen)

1 Gesichtsmuskeln (Fortsetzung)

M. depressor labii inferioris
N. facialis [VII]

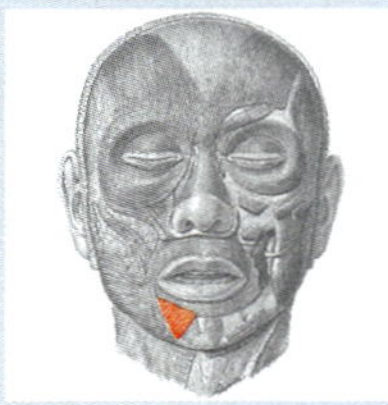

U: Mandibula unterhalb des Foramen mentale

A: Unterlippe

F: zieht die Unterlippe nach lateral unten, wölbt Lippenrot vor (Unlust)

M. mentalis
N. facialis [VII]

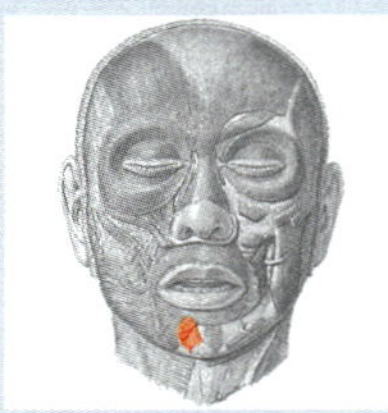

U: Mandibula auf Höhe des unteren lateralen Schneidezahns

A: Haut des Kinns

F: erzeugt das Kinngrübchen, stülpt die Unterlippe vor (zusammen mit M. orbicularis oris; „Schnute", „Flunsch")

M. transversus menti
N. facialis [VII]

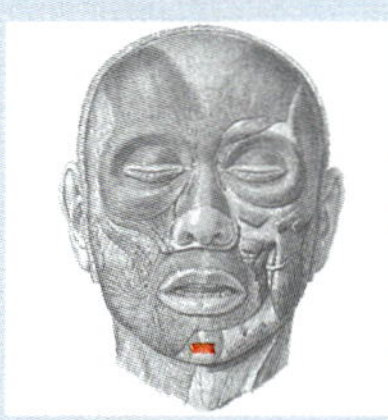

U: quere Abspaltung aus dem M. mentalis

A: Haut des Kinnwulstes

F: bewegt die Kinnhaut

M. depressor anguli oris
N. facialis [VII]

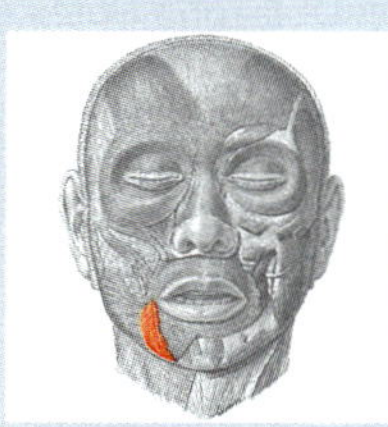

U: Unterrand der Mandibula

A: Angulus oris

F: zieht den Mundwinkel nach unten (Unzufriedenheit, Trauer)

M. risorius
N. facialis [VII]

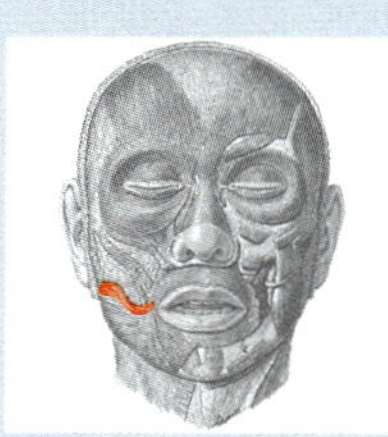

U: Fascia parotidea, Fascia masseterica

A: Angulus oris

F: verbreitert die Mundspalte (Grinsen), erzeugt das Lachgrübchen

1 Gesichtsmuskeln (Fortsetzung)

M. levator anguli oris
N. facialis [VII]

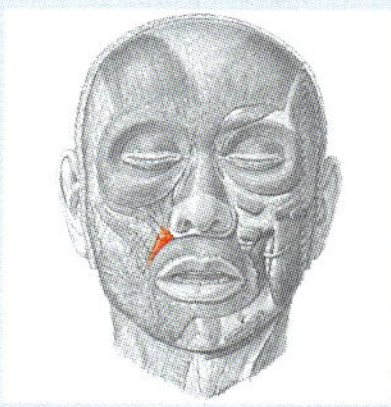

U: Fossa canina der Maxilla

A: Angulus oris

F: zieht den Mundwinkel nach medial oben

M. zygomaticus major
N. facialis [VII]

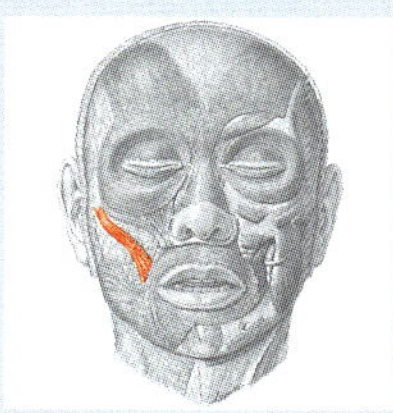

U: Os zygomaticum

A: Angulus oris

F: zieht den Mundwinkel nach lateral oben (Freude, Lachmuskel)

M. zygomaticus minor
N. facialis [VII]

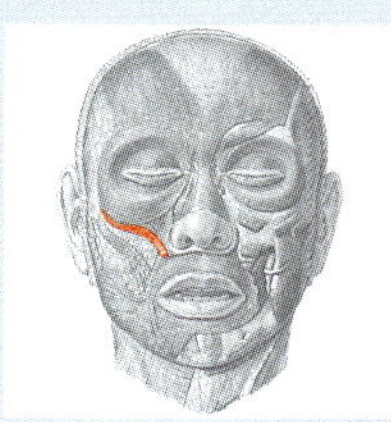

U: Os zygomaticum

A: Angulus oris

F: zieht den Mundwinkel nach lateral oben

M. levator labii superioris alaeque nasi
N. facialis [VII]

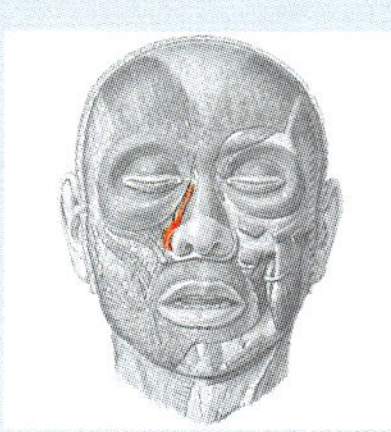

U: Proc. frontalis der Maxilla (mediale Orbitawand)

A: Nasenflügel, Oberlippe

F: hebt die Lippen und die Nasenflügel (Nasenflügelatmung, Unzufriedenheit, Hochmut, Naserümpfen)

f Hals (→ Abb. 11.2)

Platysma
N. facialis [VII]

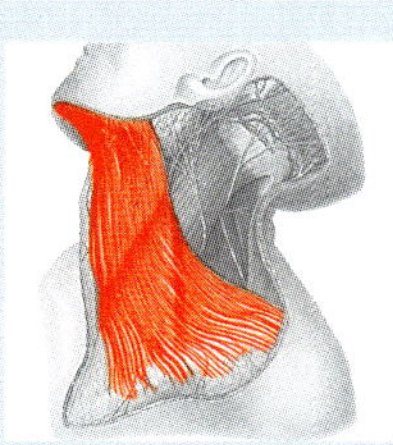

U: Basis mandibulae, Fascia parotidea

A: Haut unterhalb der Clavicula, Fascia pectoralis

F: spannt die Haut des Halses, bildet Längsfalten, zieht Mundwinkel nach lateral, fördert venösen Rückfluss des Blutes der oberflächlichen Halsvenen (Schrecken, Ekel)

2 Muskeln der Zunge (→ Abb. 8.168, → Abb. 8.170, → Abb. 8.176–8.179)

a Innere Muskeln der Zunge (Binnenmuskeln)

M. longitudinalis superior
N. hypoglossus [XII]

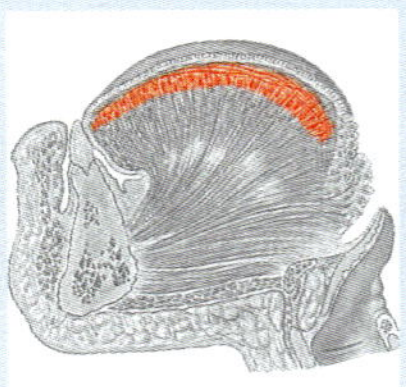

U: Radix linguae

A: Apex linguae

F: verkürzt und verbreitert die Zunge, hebt die Zungenspitze

M. longitudinalis inferior
N. hypoglossus [XII]

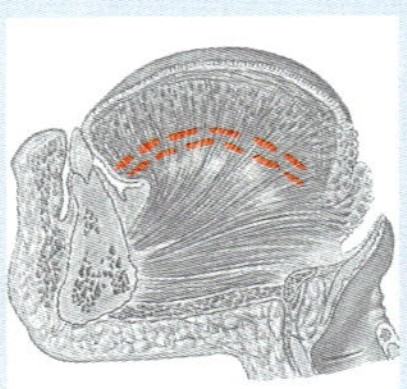

U: Radix linguae

A: Apex linguae

F: verkürzt und verbreitert die Zunge, senkt die Zungenspitze

M. transversus linguae
N. hypoglossus [XII]

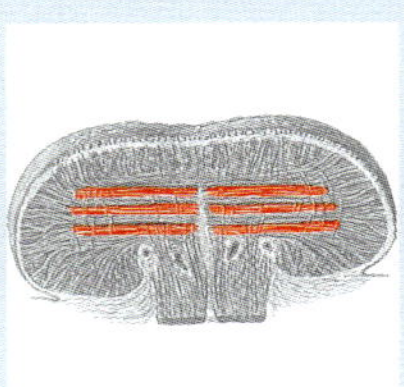

U: Seitenrand der Zunge, Septum linguae

A: Seitenrand der Zunge, Aponeurosis linguae

F: verschmälert die Zunge und bewirkt mit dem M. verticalis linguae eine Streckung

M. verticalis linguae
N. hypoglossus [XII]

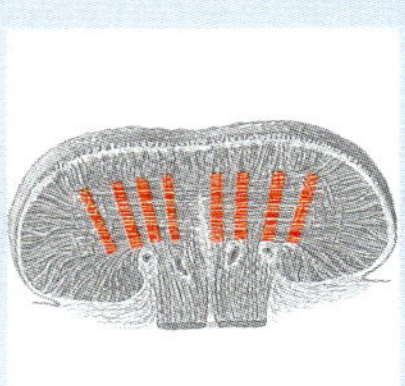

U: Radix linguae

A: Aponeurosis linguae

F: verbreitert die Zunge

2 Muskeln der Zunge (Fortsetzung)

b Äußere Muskeln der Zunge (Außenmuskeln)

M. genioglossus
N. hypoglossus [XII]

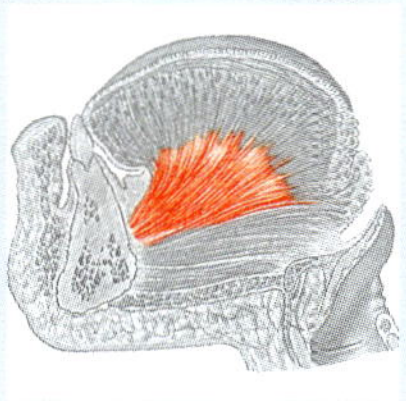

U: Spina mentalis der Mandibula

A: Aponeurosis linguae

F: zieht die Zunge nach vorne unten, streckt die Zunge aus dem Mund

M. hyoglossus
N. hypoglossus [XII]

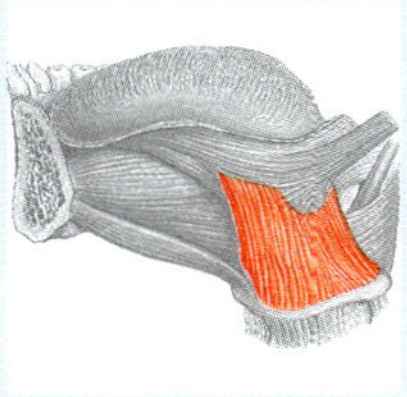

U: Cornu majus und Corpus ossis hyoidei

A: Aponeurosis linguae

F: zieht die Zunge nach hinten unten, senkt die Zunge bei einseitiger Kontraktion zur gleichen Seite

M. styloglossus
N. hypoglossus [XII]

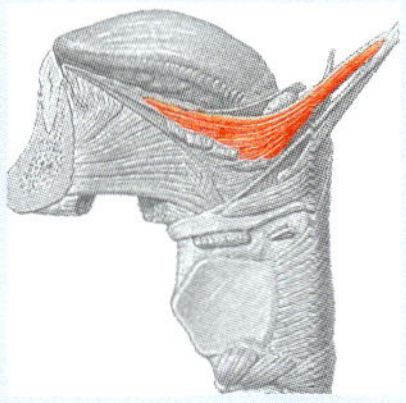

U: Proc. styloideus des Os temporale

A: Aponeurosis linguae

F: zieht die Zunge nach hinten oben, einseitige Kontraktion führt zur Biegung zur selben Seite mit Neigung des Zungenrückens zur Gegenseite

3 Muskeln des Gaumens (→ Abb. 8.158)

M. levator veli palatini
Rr. pharyngeales des N. glossopharyngeus [IX] und des N. vagus [X] (= Plexus pharyngeus)

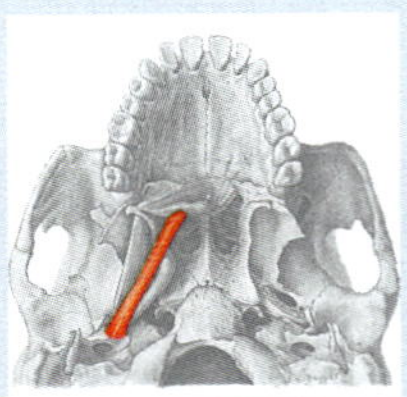	**U:** Unterfläche der Pars petrosa des Os temporale, Cartilago tubae auditivae	**A:** Aponeurosis palatina	**F:** hebt das Gaumensegel, erweitert das Lumen der Ohrtrompete

M. tensor veli palatini (wird um den Hamulus ossis pterygoidei als Hypomochlion umgelenkt)
N. musculi tensoris veli palatini des N. mandibularis [V/3]

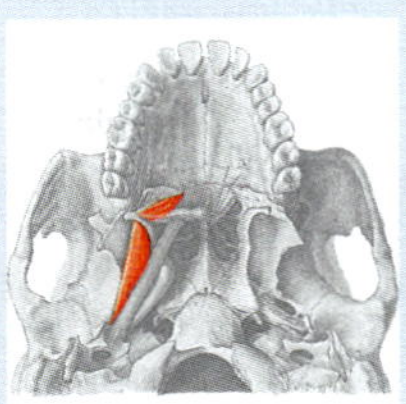	**U:** Fossa scaphoidea am Proc. pterygoideus, membranöser Teil und Knorpel der Tuba auditiva	**A:** Aponeurosis palatina	**F:** spannt das Gaumensegel, erweitert das Lumen der Ohrtrompete

M. palatoglossus
N. glossopharyngeus [IX]

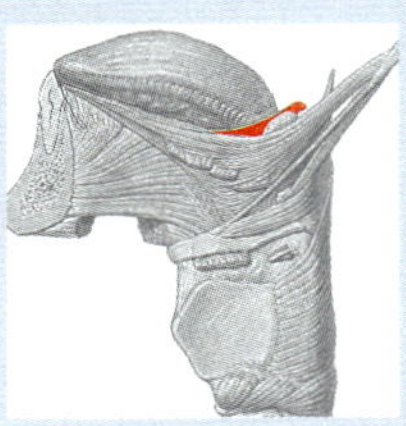	**U:** Aponeurosis palatina	**A:** strahlt in die Binnenmuskeln ein, Seitenrand der Radix linguae	**F:** senkt das Gaumensegel, hebt zugleich den Zungengrund und verengt damit den Isthmus faucium

M. palatopharyngeus
Plexus pharyngeus (N. glossopharyngeus [IX], N. vagus [X])

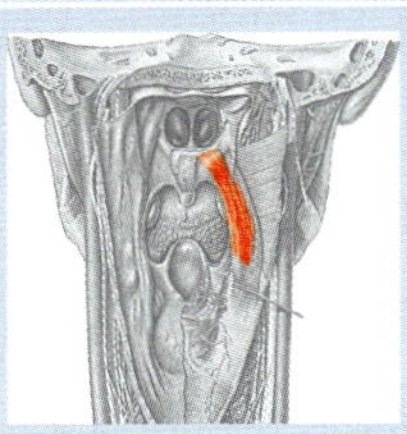	**U:** Aponeurosis palatina, Hamulus pterygoideus, Lamina medialis processus pterygoidei	**A:** laterale Pharynxwand, Oberrand des Schildknorpels	**F:** spannt den weichen Gaumen; zieht die Pharynxwand beim Schlucken nach vorn, oben und medial; wirkt gemeinsam mit dem Muskel der Gegenseite

M. uvulae (unpaarer Muskel)
Rr. pharyngeales des N. glossopharyngeus [IX] und des N. vagus [X] (= Plexus pharyngeus)

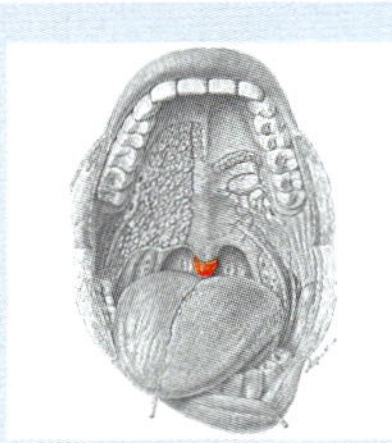	**U:** Aponeurosis palatina	**A:** Stroma und Spitze der Uvula	**F:** verkürzt das Gaumenzäpfchen und bewirkt damit seine Verdickung

4 Kaumuskeln (→ Abb. 8.75, → Abb. 8.77–8.80, → Abb. 8.82)

Der M. masseter ist in seinem Verlauf vom Kieferwinkel bis zum Jochbogen gut durch die Haut zu tasten. Beim Zusammenbeißen der Zähne spürt man auch den Bauch des M. temporalis in der Schläfengrube. Dem Kieferast liegt innen der M. pterygoideus medialis an. Vom Kiefergelenk nach vorne zieht der M. pterygoideus lateralis.

M. temporalis
Nn. temporales profundi (N. mandibularis [V/3])

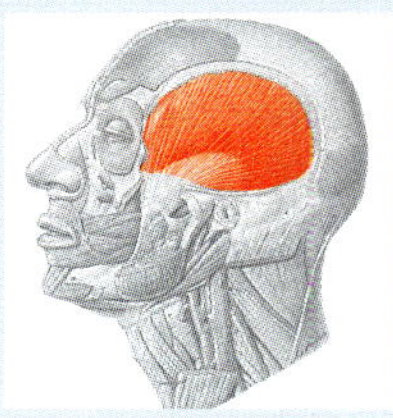	**U:** Os temporale unterhalb der Linea temporalis inferior, tiefes Blatt der Fascia temporalis	**A:** Proc. coronoideus mandibulae	**F:** beidseitig: schließt den Kiefer (stärkster Kaumuskel) → Adduktion vordere Portion: zieht den Unterkiefer nach vorne (= Protrusion) hintere Portion: zieht den Unterkiefer zurück (= Retrusion) einseitig: Arbeitsseite: Stabilisierung des Caput mandibulae (hinterer Teil) Balanceseite: Verlagerung des Caput mandibulae nach vorne, Drehung zur kontralateralen Seite; hinterer Teil des Muskels hält das Caput mandibulae in Ruhelage in der Fossa mandibulae

M. masseter
N. massetericus (N. mandibularis [V/3])

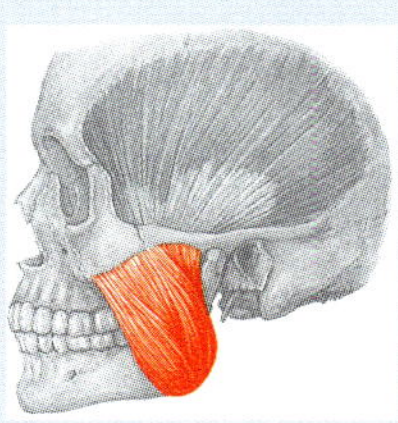	**U: Pars superficialis:** Unterrand des Arcus zygomaticus **Pars profunda:** Innenfläche des Arcus zygomaticus	**A: Pars superficialis:** Angulus mandibulae (Tuberositas masseterica) **Pars profunda:** Unterrand der Mandibula	**F:** kräftiger Kieferschluss (Adduktion) **Pars superficialis:** zieht den Unterkiefer nach vorne (= Protrusion)

M. pterygoideus medialis
N. pterygoideus medialis (N. mandibularis [V/3])

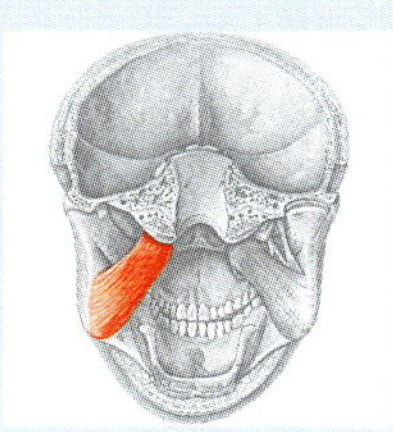	**U:** Fossa pterygoidea	**A:** Unterrand der Mandibula (Tuberositas pterygoidea)	**F:** beidseitig: Adduktion des Unterkiefers, Protrusion des Unterkiefers einseitig: Mahlbewegung – Balanceseite: verlagert Caput mandibulae nach vorn und dreht zur kontralateralen Seite

M. pterygoideus lateralis
N. pterygoideus lateralis (N. mandibularis [V/3])

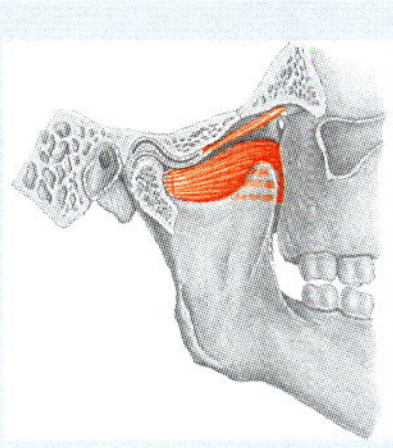	**U: Caput superius:** Crista infratemporalis des Os sphenoidale **Caput inferius:** Lamina lateralis des Proc. pterygoideus	**A: Caput superius:** Discus und Kapsel der Articulatio temporomandibularis **Caput inferius:** Proc. condylaris mandibulae (Fovea pterygoidea)	**F: Caput superius:** beidseitig: Fixierung des Caput mandibulae am Tuberculumabhang während Adduktion einseitig: Mahlbewegung – Arbeitsseite: stabilisiert den ruhenden Condylus während der Drehbewegung **Caput inferius:** beidseitig: Einleitung der Kieferöffnung durch Zug des Discus articularis nach vorne einseitig: Mahlbewegung – Balanceseite: verlagert das Caput mandibulae nach vorne

5 Muskeln des Rachens (→ Abb. 8.179, → Abb. 11.12, → Abb. 11.14, → Abb. 11.20)

Die Rachenmuskeln werden unterteilt in Schlundschnürer (Konstriktoren: Mm. constrictores pharyngis superior, medius und inferior) und in Schlundheber (Levatoren: M. stylopharyngeus, M. salpingopharyngeus und M. palatopharyngeus).

a Schlundschnürer

M. constrictor pharyngis superior
Rr. pharyngeales des N. glossopharyngeus [IX] (= Plexus pharyngeus)

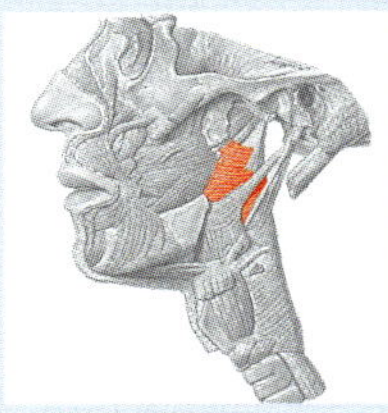

U: Pars pterygopharyngea: Lamina medialis des Proc. pterygoideus, Hamulus ossis pterygoidei
Pars buccopharyngea: Raphe pterygomandibularis
Pars mylopharyngea: Linea mylohyoidea der Mandibula
Pars glossopharyngea: M. transversus linguae

A: Membrana pharyngobasilaris, Raphe pharyngis

F: Mitwirkung beim Schluckakt, engt den Rachenraum ein (PASSAVANT-Wulst), schließt den Epipharynx vom Mesopharynx ab

M. constrictor pharyngis medius
Rr. pharyngeales des N. glossopharyngeus [IX] und des N. vagus [X] (= Plexus pharyngeus)

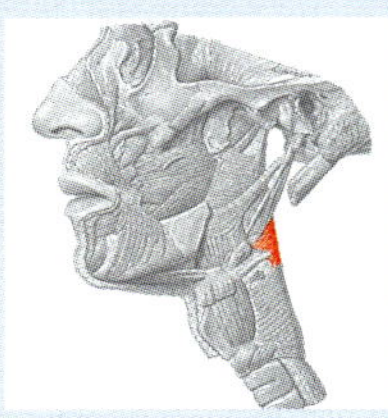

U: Pars chondropharyngea: Cornu minus ossis hyoidei
Pars ceratopharyngea: Cornu majus ossis hyoidei

A: Raphe pharyngis

F: Mitwirkung beim Schluckakt, engt den Rachenraum von hinten her ein, fördert durch wellenförmig ablaufende Kontraktion nach unten hin den Transport des Bissens bis in die Speiseröhre (peristaltische Welle)

M. constrictor pharyngis inferior
Rr. pharyngeales des N. vagus [X] (= Plexus pharyngeus)

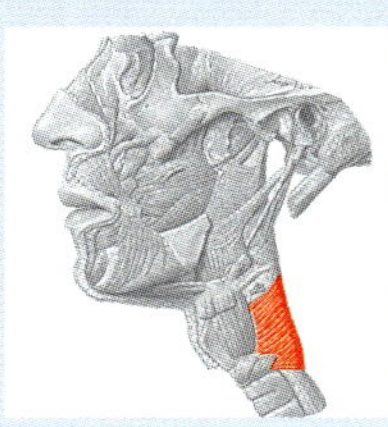

U: Pars thyropharyngea: Cartilago thyroidea
Pars cricopharyngea: Seitenfläche der Cartilago cricoidea

A: Raphe pharyngis

F: Schluss des Aditus laryngis durch Hebung des Kehlkopfs, engt den Rachenraum von hinten her ein, fördert durch wellenförmig ablaufende Kontraktion nach unten hin den Transport des Bissens bis in die Speiseröhre (peristaltische Welle)

5 Muskeln des Rachens (Fortsetzung)

b Schlundheber

M. palatopharyngeus (gehört seinen Funktionen nach auch zu den Gaumenmuskeln)
Rr. pharyngeales des N. glossopharyngeus [IX] (= Plexus pharyngeus)

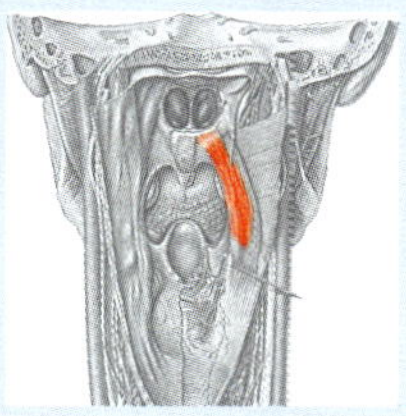	**U:** Aponeurosis palatina, Hamulus pterygoideus, Lamina medialis processus pterygoidei	**A:** laterale Pharynxwand, Oberrand des Schildknorpels	**F:** spannt den weichen Gaumen; zieht die Pharynxwand beim Schlucken nach vorn, oben und medial; wirkt gemeinsam mit dem Muskel der Gegenseite

M. salpingopharyngeus
Rr. pharyngeales des N. glossopharyngeus [IX] (= Plexus pharyngeus)

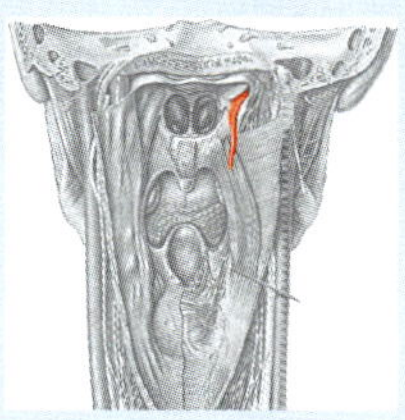	**U:** Cartilago tubae auditivae	**A:** strahlt in die Seitenwand des Pharynx ein	**F:** hebt den Schlund, öffnet die Tuba auditiva, wirkt gemeinsam mit dem Muskel der Gegenseite

M. stylopharyngeus
R. musculi stylopharyngei des N. glossopharyngeus [IX]

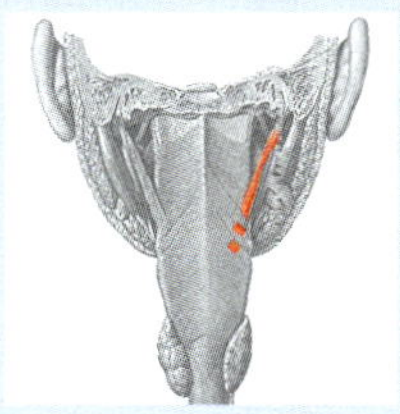	**U:** Proc. styloideus des Os temporale	**A:** Cartilago thyroidea, strahlt in die Seitenwand des Pharynx ein	**F:** hebt den Schlund, zieht die Pharynxwand über den Bissen nach oben; horizontal ausgerichtete Faserbündel erweitern die Rachenenge; wirkt gemeinsam mit dem Muskel der Gegenseite

6 Muskeln des Kehlkopfs (→ Abb. 11.38, → Abb. 11.40, → Abb. 11.48)

M. cricothyroideus (Antikus) (Pars recta: oberflächlich, Pars obliqua: tief, Pars interna: tief)
R. externus des N. laryngeus superior des N. vagus [X]

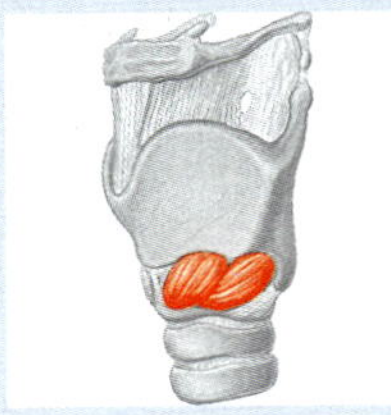

U: Pars interna: ventrale Fläche der Ringknorpelplatte
Pars recta und **Pars obliqua:** ventrale Fläche der Ringknorpelplatte

A: Innenseite der Schildknorpelplatte und Conus elasticus
Pars recta: Unterrand der Schildknorpelplatte
Pars obliqua: Cornu inferius des Schildknorpels

F: spannt (verlängert) durch Kippen des Ringknorpels die Stimmbänder (stärkster Spanner der Stimmbänder → Grobspannung)

M. cricoarytenoideus posterior (Postikus)
N. laryngeus recurrens des N. vagus [X]

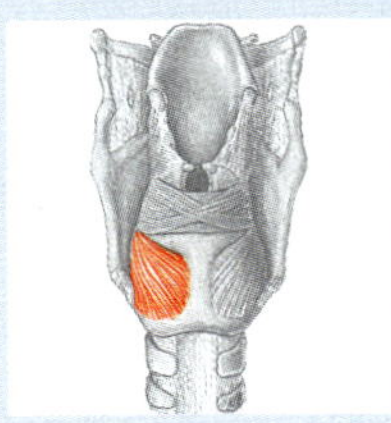

U: Hinterfläche der Lamina der Cartilago cricoidea

A: Proc. muscularis der Cartilago arytenoidea

F: erweitert die Stimmritze durch Auswärtsdrehen des Proc. vocalis des Stellknorpels und durch Seitwärtskippen des Stellknorpels

M. cricoarytenoideus lateralis (Lateralis)
N. laryngeus recurrens des N. vagus [X]

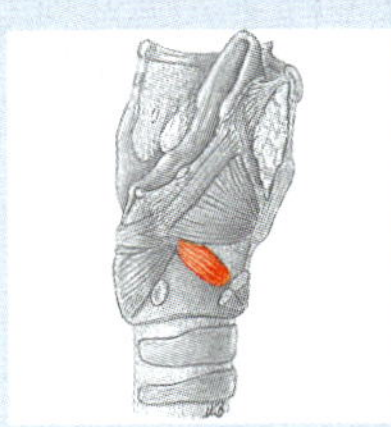

U: seitlicher Oberrand des Arcus der Cartilago cricoidea

A: Proc. muscularis der Cartilago arytenoidea

F: schließt durch Einwärtsdrehen und leichte Hebung des Stellknorpels die Pars intermembranacea der Stimmritze, öffnet die Pars intercartilaginea → flüstern (Flüsterdreieck)

M. arytenoideus transversus
N. laryngeus recurrens des N. vagus [X]

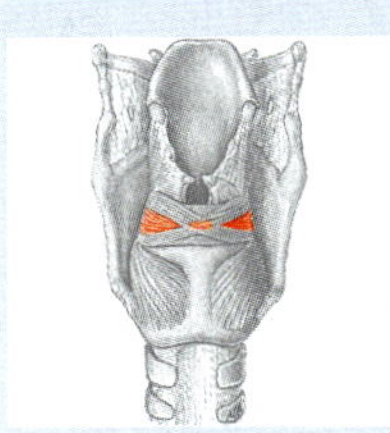

U: laterale Kante und Hinterfläche der Cartilago arytenoidea

A: laterale Kante und Hinterfläche der Cartilago arytenoidea der Gegenseite

F: schließt durch Annäherung beider Stellknorpel die Pars intercartilaginea der Stimmritze

M. arytenoideus obliquus
N. laryngeus recurrens des N. vagus [X]

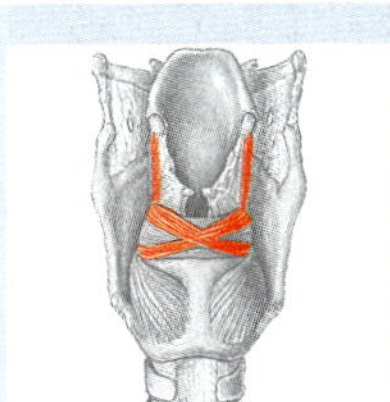

U: Basis der Hinterfläche der Cartilago arytenoidea
Pars aryepiglottica: Spitze der Cartilago arytenoidea

A: Spitze der Cartilago arytenoidea der Gegenseite
Pars aryepiglottica: lateraler Rand der Cartilago epiglottica

F: zieht den Stellknorpel nach medial und verengt damit die Pars intercartilaginea der Stimmritze, verengt den Kehlkopfeingang, dezente Öffnung der Pars intermembranacea

6 Muskeln des Kehlkopfs (Fortsetzung)

M. thyroarytenoideus
N. laryngeus recurrens des N. vagus [X]

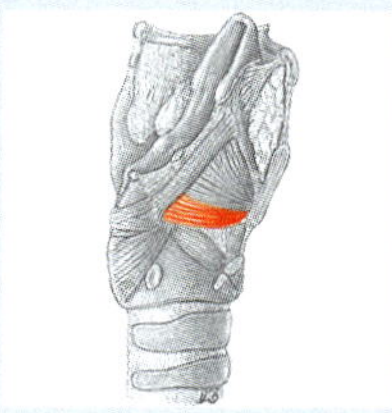	**U: Pars externa:** Innenfläche der Lamina der Cartilago thyroidea	**A:** Proc. muscularis und Vorderfläche der Cartilago arytenoidea	**F:** Annäherung und Senkung des Proc. vocalis führt zum Schließen der Pars intermembranacea der Stimmritze
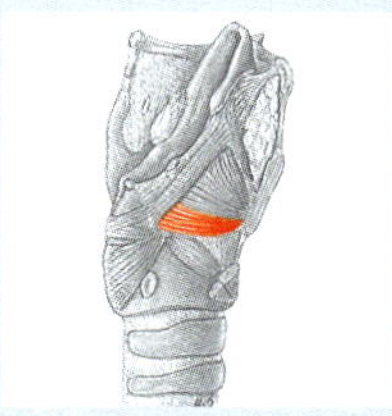	**U: Pars thyroepiglottica:** Innenfläche der Schildknorpelplatte	**A:** Seitenrand der Epiglottis und Plica vestibularis	**F:** verengt den Kehlkopfeingang
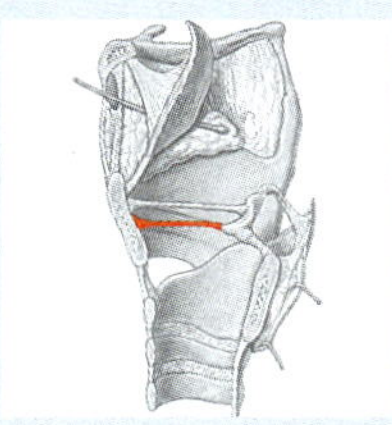	**U: Pars interna (M. vocalis):** Innenseite im unteren Drittel des Schildknorpelwinkels über Stimmbandsehne (BROYLES-Sehne)	**A:** Portio thyrovocalis: Proc. vocalis, Portio thyromuscularis: Fovea oblonga	**F:** isotonische Kontraktion: Schließen der Pars intermembranacea der Stimmritze durch Verlängern oder Verkürzen der Stimmfalten isometrische Kontraktion: Regulierung der Stimmfaltenspannung (Feinspannung) → reguliert schwingenden Anteil der Stimmfalte

M. constrictor pharyngis inferior
Rr. pharyngeales des N. vagus [X] (= Plexus pharyngeus)

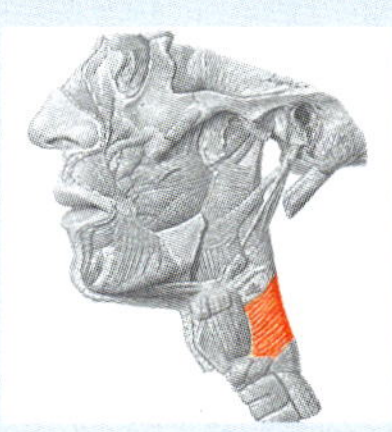	**U: Pars thyropharyngea:** lateraler Rand der Cartilago thyroidea	**A:** Raphe pharyngis	**F:** hebt den Kehlkopf beim Schluckakt, spannt die Stimmfalten, siehe ferner Muskeln des Rachens
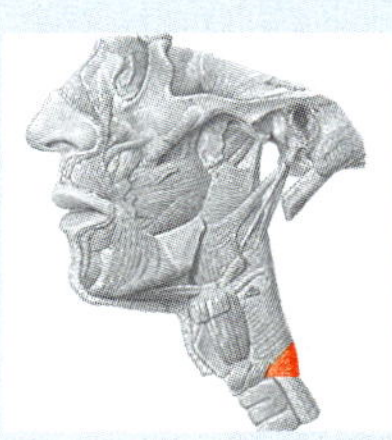	**U: Pars cricopharyngea:** hinterer Teil der Schildknorpelaußenfläche	**A:** Raphe pharyngis	**F:** entspannt die Stimmfalten (fraglich), siehe ferner Muskeln des Rachens

7 Äste und Versorgungsgebiete des Plexus cervicalis (→ Abb. 11.70, → Abb. 11. 71, → Abb. 11.74–11.78)

	motorisch	sensorisch
Ansa cervicalis profunda Radix superior (= Radix anterior) Radix inferior (= Radix posterior)	Mm. infrahyoidei	
Rr. musculares	M. longus colli, M. longus capitis, Mm. recti capitis anterior und lateralis, Mm. intertransversarii anteriores cervicis, M. trapezius, M. levator scapulae, Mm. scaleni, M. geniohyoideus	
Äste des sog. Punctum nervosum		
N. auricularis magnus		Haut im oberen Teil des Halses, im Bereich des Kieferwinkels, vor und hinter der Ohrmuschel, den größten Anteil der Ohrmuschel
N. transversus colli		Haut im oberen vorderen Teil des Halses
N. occipitalis minor		Haut der Okzipitalregion
Nn. supraclaviculares mediales, intermedii, laterales		Haut in einem Streifen unterhalb der Clavicula
N. phrenicus	Diaphragma	Pleura parietalis, Perikard, Peritoneum

8 Lateraler Halsmuskel (→ Abb. 11.3, → Abb. 11.5)

Der M. sternocleidomastoideus geht aus einer gemeinsamen Anlage mit dem M. trapezius hervor (gleiche Innervation). Er zieht schräg vom Proc. mastoideus nach vorne unten medial und ist in die Lamina superficialis der Fascia cervicalis integriert.

M. sternocleidomastoideus
N. accessorius [XI]; Plexus cervicalis

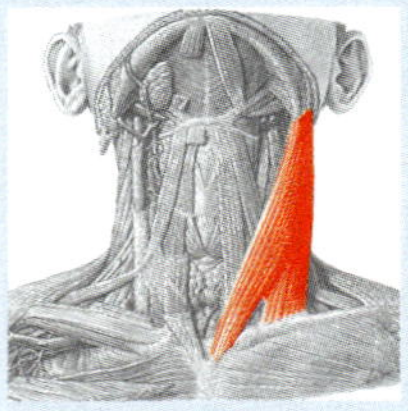

	U: Caput sternale: Ventralfläche des Sternums **Caput claviculare:** sternales Drittel der Clavicula	**A:** Proc. mastoideus, laterale Linea nuchalis superior	**F:** einseitig aktiv: dreht den Kopf nach der kontralateralen Seite und neigt ihn zur gleichen Seite, beidseitig aktiv: richtet den Kopf auf, beugt die Halswirbelsäule, Atemhilfsmuskel bei festgestelltem Kopf

9 Obere Zungenbeinmuskeln (→ Abb. 8.174–8.177, → Abb. 11.3, → Abb. 11.5)

Die oberen Zungenbeinmuskeln bilden den Boden der Mundhöhle und sind Gegenspieler der unteren Zungenbeinmuskeln. Oberflächlich liegt der vordere Bauch des M. digastricus. Als breite Platte schließt der M. mylohyoideus die Mundhöhle nach unten ab. Innen liegt ihm der M. geniohyoideus als runder Strang an. Der hintere Bauch des M. digastricus und der M. stylohyoideus liegen dorsal.

M. mylohyoideus (Rechter und linker Muskel bilden zusammen eine die Mundhöhle nach unten abschließende Platte.)
N. mylohyoideus (N. mandibularis [V/3])

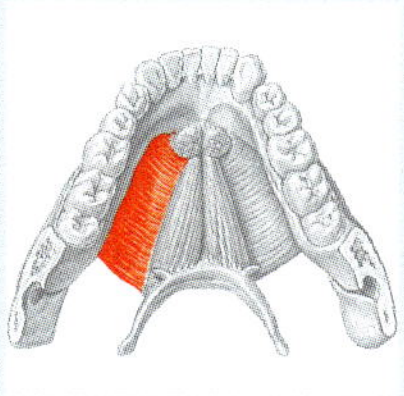

U: Linea mylohyoidea der Mandibula

A: Raphe mylohyoidea, Corpus ossis hyoidei

F: beidseitig bei fixiertem Unterkiefer: Heben des Zungenbeins beim Schluckakt
beidseitig: senkt den Unterkiefer (Mundöffnung) bei fixiertem Zungenbein, hebt das Zungenbein beim Schluckakt bei fixiertem Unterkiefer
einseitig: Mahlbewegung – dreht zur ipsilateralen Seite bei fixiertem Zungenbein

M. digastricus (Venter posterior und Venter anterior sind durch eine Zwischensehne verbunden, die an das Cornu minus des Os hyoideum fixiert ist.)
Venter anterior: *N. mylohyoideus (N. mandibularis [V/3]);*
Venter posterior: *R. digastricus (N. facialis [VII])*

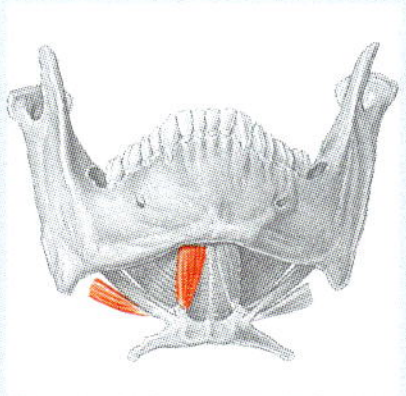

U: Incisura mastoidea des Os temporale

A: Fossa digastrica der Mandibula

F: beidseitig bei fixiertem Unterkiefer: Heben des Zungenbeins beim Schluckakt
Venter anterior: beidseitig: Abduktion des Unterkiefers (Mundöffnung) bei fixiertem Zungenbein
einseitig: Mahlbewegung – Balanceseite: verlagert das Caput mandibulae nach vorne und dreht zur ipsilateralen Seite

M. stylohyoideus
R. stylohyoideus (N. facialis [VII])

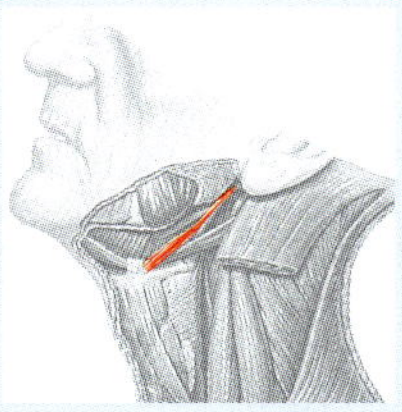

U: Proc. styloideus des Os temporale

A: Corpus ossis hyoidei mit zwei Teilzügen, die die Zwischensehne des M. digastricus umgreifen

F: beidseitig: hebt das Zungenbein beim Schluckakt nach oben hinten

M. geniohyoideus (Rechter und linker Muskel liegen – nur durch ein dünnes bindegewebiges Septum getrennt – dicht nebeneinander.)
Rr. ventrales aus C1–C2

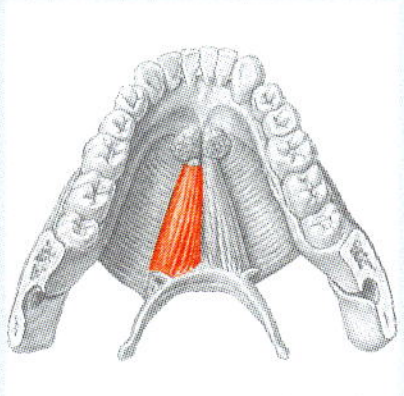

U: Spina mentalis der Mandibula

A: Corpus ossis hyoidei

F: beidseitig bei fixiertem Zungenbein: Abduktion des Unterkiefers (Mundöffnung)
einseitig bei fixiertem Zungenbein: Mahlbewegung – dreht zur ipsilateralen Seite
beidseitig bei fixiertem Unterkiefer: verlagert das Zungenbein nach vorne oben

10 Untere Zungenbeinmuskeln (→ Abb. 11.3, → Abb. 11.5)

Die unteren Zungenbeinmuskeln sind Gegenspieler der oberen Zungenbeinmuskeln.
Oberflächlich liegt der M. sternohyoideus. Darunter folgen der M. sternothyroideus und der M. thyrohyoideus. Am weitesten nach lateral zieht der M. omohyoideus.

M. sternohyoideus
Ansa cervicalis (Plexus cervicalis)

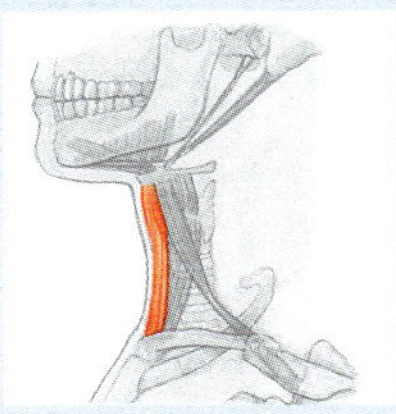	**U:** Innenfläche des Manubrium sterni, Gelenkkapsel des Sternoklavikulargelenks, sternaler Teil der Clavicula	**A:** Corpus ossis hyoidei	**F:** zieht das Zungenbein nach kaudal, fixiert bei isometrischer Kontraktion das Zungenbein für die Kieferöffnung und die Mahlbewegung

M. sternothyroideus
Ansa cervicalis (Plexus cervicalis)

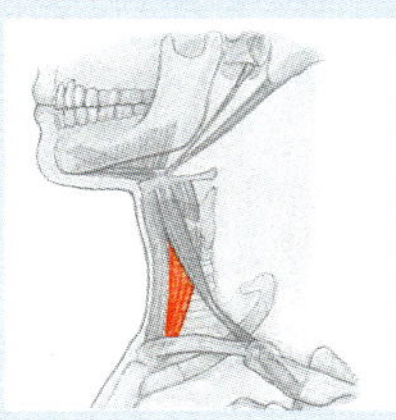	**U:** Innenfläche des Manubrium sterni, Knorpel I. und II. Rippe	**A:** Linea obliqua der Lamina der Cartilago thyroidea, Tuberculum superius und Tuberculum inferius der Schildknorpelplatte	**F:** zieht den Kehlkopf nach kaudal, fixiert den Kehlkopf bei isometrischer Kontraktion während der Phonation

M. thyrohyoideus
Ansa cervicalis (Plexus cervicalis)

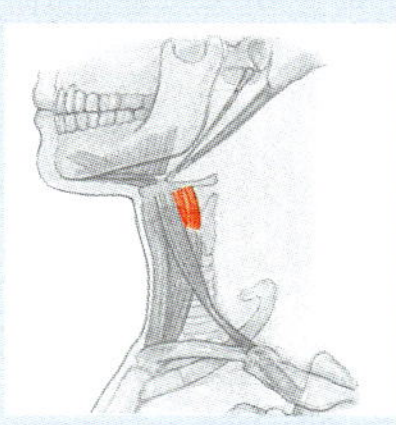	**U:** Außenfläche der Lamina der Cartilago thyroidea, Tuberculum superius und Tuberculum inferius	**A:** Corpus ossis hyoidei und Cornu majus ossis hyoidei	**F:** nähert das Zungenbein und den Kehlkopf einander an, hebt den Kehlkopf (Schluckakt) bei fixiertem Zungenbein, senkt das Zungenbein bei fixiertem Kehlkopf und beeinflusst dadurch die Phonation

M. omohyoideus (Venter inferior und Venter superior stehen durch eine mit der Vagina carotica zusammenhängende Zwischensehne in Verbindung.)
Ansa cervicalis (Plexus cervicalis)

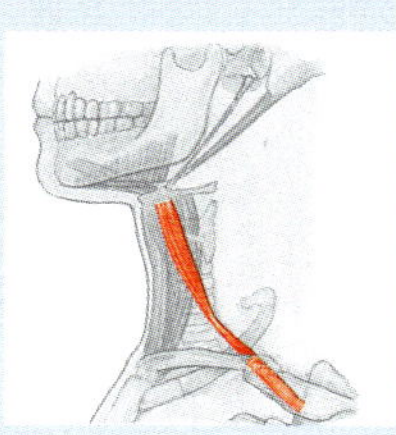	**U: Venter inferior:** Margo superior der Scapula, Grund des Proc. coracoideus	**A: Venter superior:** Corpus ossis hyoidei	**F:** spannt die Halsfaszie durch Verwachsung seiner Zwischensehne mit der Vagina carotica, hält die V. jugularis interna offen, zieht das Zungenbein nach kaudal, fixiert das Zungenbein

11 Skalenusmuskeln (→ Abb. 2.86, → Abb. 11.3, → Abb. 11.5, → Abb. 11.6)

Die drei Skalenusmuskeln, M. scalenus anterior, M. scalenus medius und M. scalenus posterior, ziehen bis zu den oberen Rippen und formen seitlich der Halswirbelsäule eine dreiseitige Muskelplatte. Die Mm. scaleni anterior und medius begrenzen die Skalenuslücke (Durchtritt für Plexus brachialis und A. subclavia).

M. scalenus anterior
Direkte Äste des Plexus cervicalis und Plexus brachialis

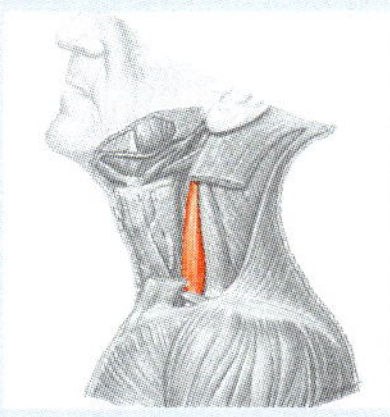

U: Tubercula anteriora der Procc. transversi des 3.–6. Halswirbels

A: Tuberculum musculi scaleni anterioris der Costa I

F: Wirbelsäule:
beugt die Halswirbelsäule nach der Seite
Thorax:
hebt die I. Rippe und damit den Thorax (Atmungsmuskel: Inspiration)

M. scalenus medius
Direkte Äste des Plexus cervicalis und Plexus brachialis

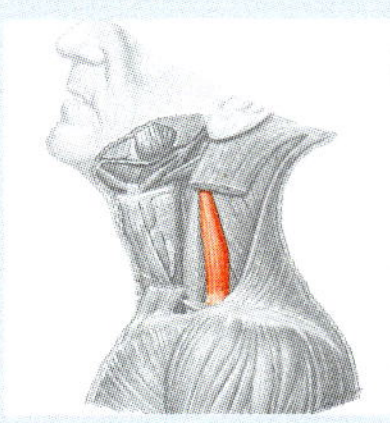

U: Tubercula der Procc. transversi des 3.–7. Halswirbels

A: Costa I hinter dem Sulcus arteriae subclaviae

F: Wirbelsäule:
beugt die Halswirbelsäule nach der Seite
Thorax:
hebt die I. Rippe und damit den Thorax (Atmungsmuskel: Inspiration)

M. scalenus posterior
Direkte Äste des Plexus cervicalis und Plexus brachialis

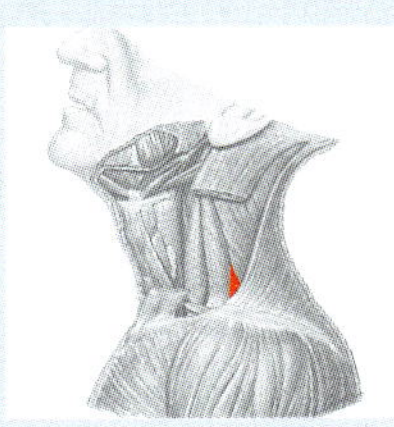

U: Tubercula posteriora der Procc. transversi des 5. und 6. Halswirbels

A: Costa II

F: Wirbelsäule:
beugt die Halswirbelsäule nach der Seite
Thorax:
hebt die II. Rippe und damit den Thorax (Atmungsmuskel: Inspiration)

12 Prävertebrale Muskeln (→ Abb. 2.86, → Abb. 11.6)

Die prävertebralen Muskeln liegen rechts und links der Wirbelkörper der Hals- und der oberen Brustwirbelsäule und werden von der Lamina prevertebralis der Fascia cervicalis bedeckt. Die vorderen seitlichen Anteile von Atlas und Axis verbinden M. rectus capitis anterior und M. rectus capitis lateralis.

M. rectus capitis anterior und **M. rectus capitis lateralis**
Direkte Äste des Plexus cervicalis

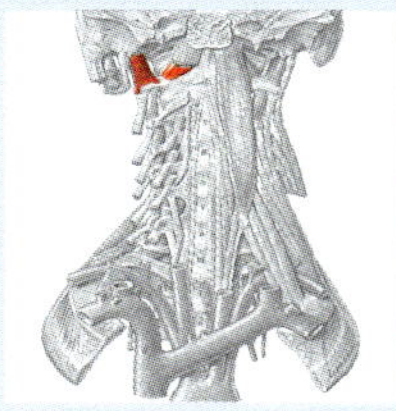	**U:** Proc. transversus und Massa lateralis des Atlas	**A:** Pars basilaris des Os occipitale	**F:** beugen den Kopf nach lateral ventral, drehen den Kopf zur ipsilateralen Seite, Seitneigung des Kopfes, Feineinstellung des Kopfes in den Kopfgelenken

M. longus capitis
Direkte Äste des Plexus cervicalis

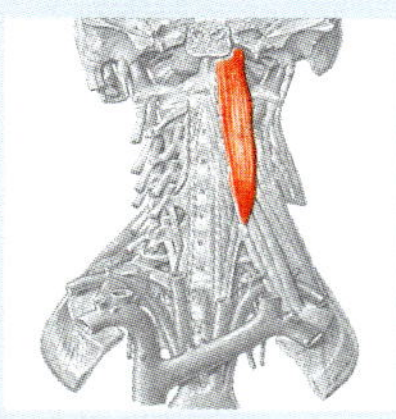	**U:** Tubercula anteriora der Procc. transversi des 3.–6. Halswirbels	**A:** Pars basilaris des Os occipitale	**F:** beugt den Kopf nach ventral, dreht den Kopf zur ipsilateralen Seite, Seitneigung des Kopfes

M. longus colli
Direkte Äste des Plexus cervicalis

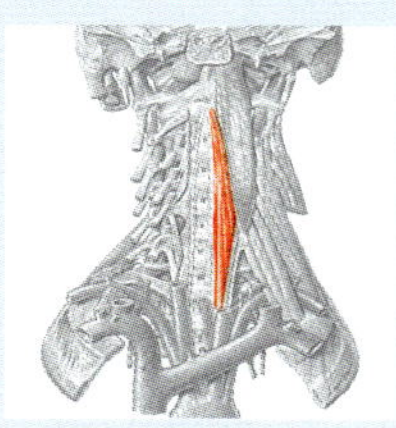	**U:** Körper des 5. Hals- bis 3. Brustwirbels, Tubercula anteriora der Procc. transversi des 2.–5. Halswirbels	**A:** Procc. transversi des 5.–6. Halswirbels, Körper des 2.–4. Halswirbels, Tuberculum anterius des Atlas	**F:** beugt den Kopf nach ventral, dreht den Kopf zur ipsilateralen Seite, Seitneigung des Kopfes

13 Muskeln der Brustwand (→ Abb. 2.83–2.90)

Das Oberflächenrelief der vorderen oberen Brustwand wird vom M. pectoralis major geprägt. Darunter liegt der M. pectoralis minor. Zusammen mit dem M. subclavius gehören diese beiden Muskeln zur Gruppe der ventralen Muskeln des Schultergürtels (→ Tab. 24).
Die Zwischenrippenräume werden von den Mm. intercostales externi und interni ausgefüllt. Innen liegen der Brustwand die Mm. subcostales und der M. transversus thoracis an.

Mm. intercostales externi
Nn. intercostales (Nn. thoracici)

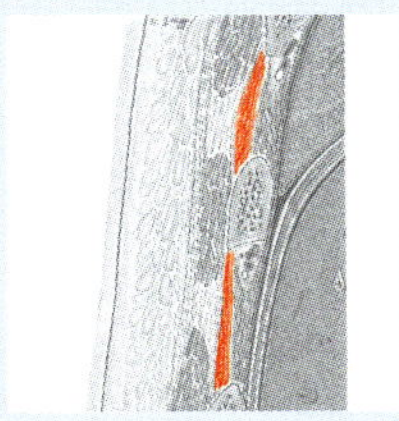

U: Unterrand der Rippen vom Tuberculum costae bis vor die Knochen-Knorpel-Grenze	**A:** Oberrand der jeweils nächsttieferen Rippe	**F:** heben die Rippen, Inspiration

Mm. intercostales interni (Nach innen werden die Mm. intercostales intimi durch die Vasa intercostalia posteriora und den N. intercostalis abgegrenzt.)
Nn. intercostales (Nn. thoracici)

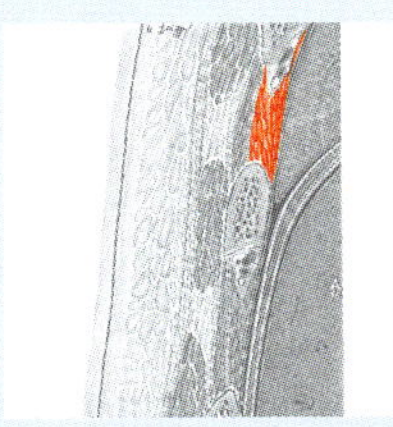

U: Oberrand der Rippen ventral des Angulus costae	**A:** Unterrand der jeweils nächsthöheren Rippe	**F:** senken die Rippen, Exspiration

Mm. intercostales intimi (innerster Muskelanteil der Mm. intercostales interni, häufig gesondert als Mm. intercostales intimi bezeichnet)
Nn. intercostales (Nn. thoracici)

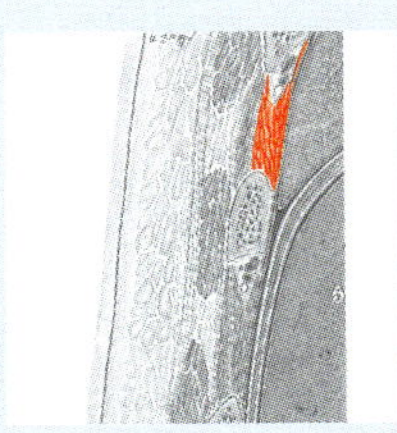

U: Oberrand der Rippe ventral des Angulus costae	**A:** Unterrand der jeweils nächsthöheren Rippe	**F:** senken die Rippen, Exspiration

Mm. subcostales (inkonstante Muskeln)
Nn. intercostales (Nn. thoracici)

U: Oberrand der unteren Rippen zwischen Tuberculum und Angulus costae	**A:** Unterrand der unteren Rippen, jeweils eine Rippe überspringend	**F:** senken die Rippen, Exspiration

M. transversus thoracis
Nn. intercostales (Nn. thoracici)

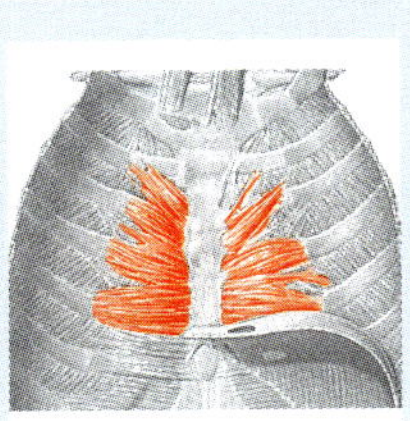

U: dorsal an Corpus sterni und Proc. xiphoideus	**A:** Cartilago costalis der II.–VI. Rippe	**F:** verspannt die Thoraxwand, Exspiration

14 Ventrale Muskeln der Bauchwand (→ Abb. 2.88–2.90, → Abb. 2.95)

Die vorderen Muskeln der Bauchwand, der M. rectus abdominis und der M. pyramidalis, liegen innerhalb der Rektusscheide.

M. rectus abdominis
Nn. intercostales (Nn. thoracici)

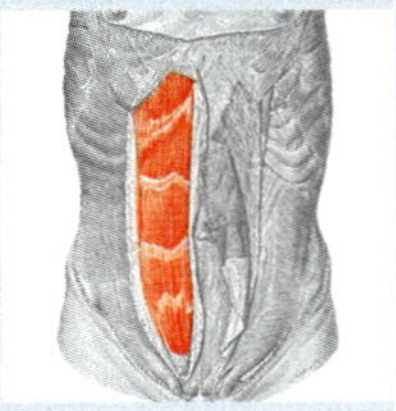

U: Außenfläche der Cartilago costalis der V.–VII. Rippe,
Ligg. costoxiphoidea

A: Symphysis pubica

F: Rumpfbeugung,
Bauchpresse,
Exspiration (Bauchatmung)

M. pyramidalis (inkonstanter Muskel)
Kaudale Nn. intercostales (Nn. thoracici)

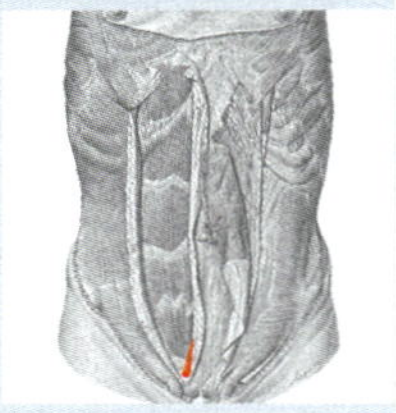

U: Symphysis pubica ventral des M. rectus abdominis

A: Linea alba

F: „spannt die Linea alba"

15 Laterale Muskeln der Bauchwand (→ Abb. 2.81–2.83, → Abb. 2.88–2.90, → Abb. 2.93, → Abb. 2.95, → Abb. 2.96)

Als laterale Muskeln der Bauchwand werden der M. obliquus externus abdominis, der M. obliquus internus abdominis und der M. transversus abdominis zusammengefasst. Ihre Sehnenplatten bilden die Rektusscheide. Bei Mann und Frau spaltet sich vom M. obliquus abdominis internus und vom M. transversus der M. cremaster ab.

M. obliquus externus abdominis
Kaudale Nn. intercostales (Nn. thoracici)

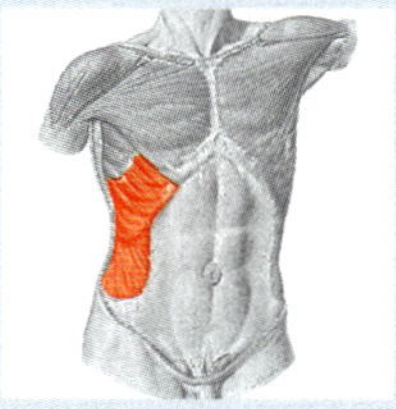

U: Außenfläche der V.–XII. Rippe

A: Labium externum der Crista iliaca,
Lig. inguinale,
nimmt am Aufbau des vorderen Blattes der Rektusscheide teil

F: einseitig aktiv: rotiert den Thorax zur kontralateralen Seite,
beugt die Wirbelsäule zur ipsilateralen Seite,
beidseitig aktiv: Rumpfbeugung,
Bauchpresse,
Exspiration (Bauchatmung)

M. obliquus internus abdominis
Kaudale Nn. intercostales (Nn. thoracici); N. iliohypogastricus; N. ilioinguinalis (Plexus lumbalis)

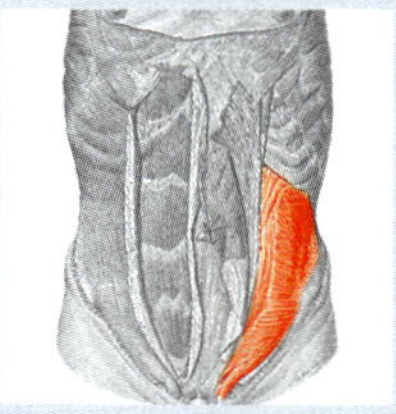

U: Fascia thoracolumbalis (tiefes Blatt),
Linea intermedia der Crista iliaca,
Lig. inguinale

A: Unterrand der Cartilago costalis der IX.–XII. Rippe,
nimmt oberhalb der Linea arcuata am Aufbau des vorderen und des hinteren Blattes der Rektusscheide teil, darunter ziehen alle Sehnenfasern in das vordere Blatt

F: einseitig aktiv: rotiert den Thorax zur ipsilateralen Seite,
beugt die Wirbelsäule zur ipsilateralen Seite,
beidseitig aktiv: Rumpfbeugung,
Bauchpresse,
Exspiration (Bauchatmung)

15 Laterale Muskeln der Bauchwand (Fortsetzung)

M. transversus abdominis
Kaudale Nn. intercostales (Nn. thoracici); N. iliohypogastricus; N. ilioinguinalis (Plexus lumbalis); N. genitofemoralis

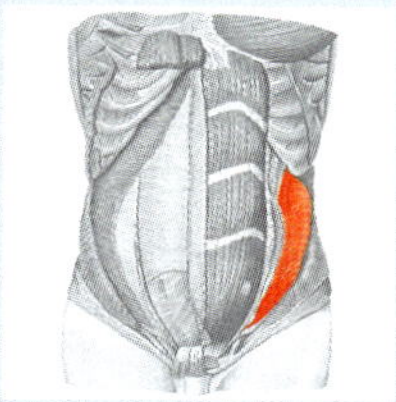

U: Innenfläche der Cartilago costalis der VII.–XII. Rippe, Fascia thoracolumbalis (tiefes Blatt), Labium internum der Crista iliaca, Lig. inguinale

A: nimmt oberhalb der Linea arcuata am Aufbau des hinteren Blattes der Rektusscheide teil, darunter am Aufbau des vorderen Blattes

F: Bauchpresse, Exspiration (Bauchatmung)

M. cremaster
N. genitofemoralis

U: Abspaltung aus dem M. obliquus internus und dem M. transversus abdominis

A: umgreift den Samenstrang, bei der Frau das Lig. teres uteri

F: hebt den Hoden (Temperaturregulation)

16 Dorsale Muskeln der Bauchwand (→ Abb. 2.93, → Abb. 2.96)

Der M. quadratus lumborum bildet die muskuläre Grundlage der hinteren Bauchwand. Nach medial schließt sich der M. psoas major an.

M. quadratus lumborum
Kaudale Nn. intercostales; Rr. musculares (Plexus lumbalis)

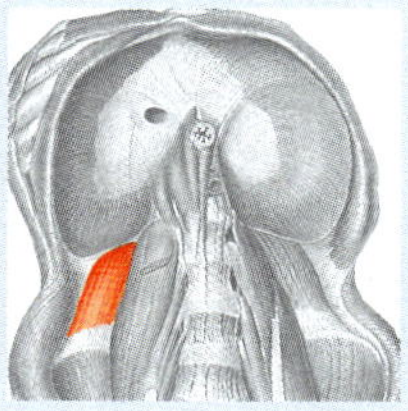

U: Labium internum der Crista iliaca

A: XII. Rippe, Proc. costalis des 4.–1. Lendenwirbels

F: beugt die Wirbelsäule zur ipsilateralen Seite

17 Spinokostale Muskeln (→ Abb. 2.71)

Die spinokostalen Muskeln, M. serratus posterior superior und M. serratus posterior inferior, liegen als dünne Muskeln mit geringer funktioneller Relevanz in der Tiefe den autochthonen Rückenmuskeln auf.

M. serratus posterior superior
Kraniale Nn. intercostales (Nn. thoracici)

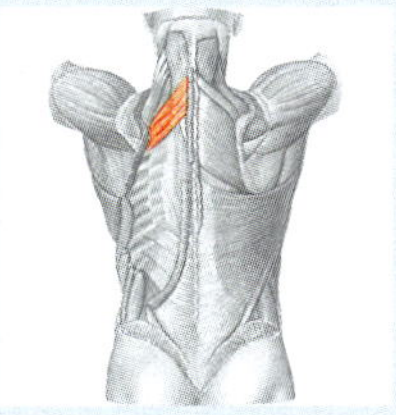

U: Proc. spinosus des 6., 7. Hals- und 1., 2. Brustwirbels

A: II.–V. Rippe jeweils lateral des Angulus costae

F: hebt die Rippen, Inspiration

M. serratus posterior inferior
Kaudale Nn. intercostales (Nn. thoracici)

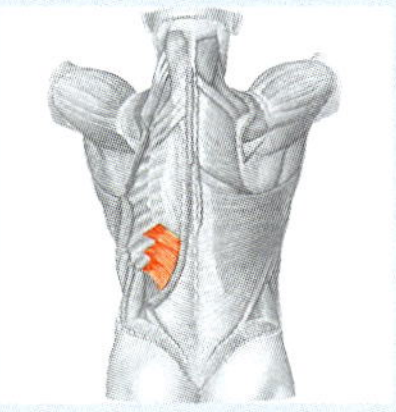

U: Proc. spinosus des 11., 12. Brust- und 1., 2. Lendenwirbels

A: kaudaler Rand der IX.–XII. Rippe

F: senkt die IX.–XII. Rippe, als Antagonist des Zwerchfells auch bei der forcierten Inspiration aktiv

→ Tabelle 18

18 Autochthone Muskeln des Rückens (→ Abb. 2.72–2.75, → Abb. 2.77–2.80, → Abb. 2.93)

I Lateraler Trakt

Der laterale Trakt der autochthonen Rückenmuskulatur überdeckt im Hals- und Lendenbereich den medialen Trakt und wird deshalb auch als oberflächlicher Anteil der autochthonen Rückenmuskulatur bezeichnet. Dazu gehören als gerade verlaufende Muskelstränge der M. iliocostalis, der M. longissimus und die Mm. intertransversarii. Schräg nach kranial divergierend (spinotransversal) verlaufen die Mm. splenii.
Die Mm. levatores costarum ziehen schräg nach lateral kaudal zu den Rippen.

a Sakrospinales System

M. iliocostalis lumborum
Rr. posteriores der Nn. lumbales

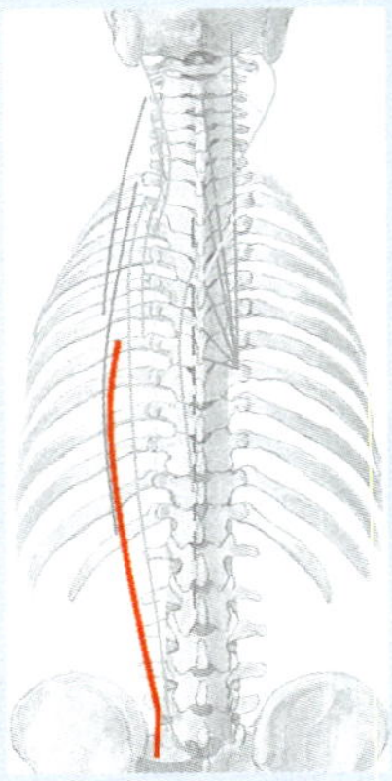

U: gemeinsam mit M. longissimus thoracis von:
Procc. spinosi der Lendenwirbel,
Facies dorsalis des Os sacrum,
dorsalem Drittel der Crista iliaca,
Fascia thoracolumbalis

A: Angulus costae der XII.–V. Rippe

F: einseitig aktiv: Lateralflexion, beidseitig aktiv: Extension, verspannt Wirbelsäule

M. iliocostalis thoracis
Rr. posteriores der Nn. thoracici

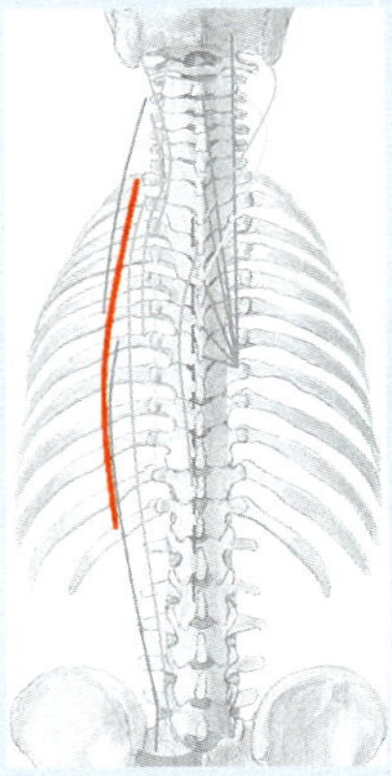

U: XII.–VII. Rippe medial des Angulus costae

A: Angulus costae der (VI.) VII.–I. Rippe

F: einseitig aktiv: Lateralflexion, beidseitig aktiv: Extension, verspannt Wirbelsäule

M. iliocostalis cervicis
Rr. posteriores der Nn. cervicales

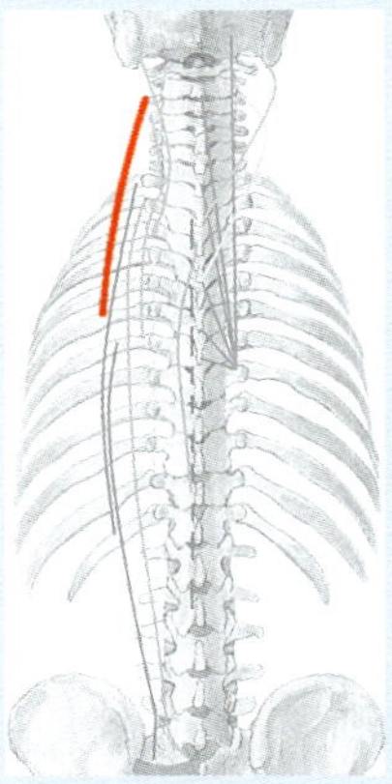

U: VII.–(IV.) III. Rippe medial des Angulus costae

A: Tuberculum posterius des Proc. transversus des 6.–(4.) 3. Halswirbels

F: einseitig aktiv: Lateralflexion, beidseitig aktiv: Extension, verspannt Wirbelsäule

18 Autochthone Muskeln des Rückens (Fortsetzung)

M. longissimus thoracis
Rr. posteriores der Nn. spinales

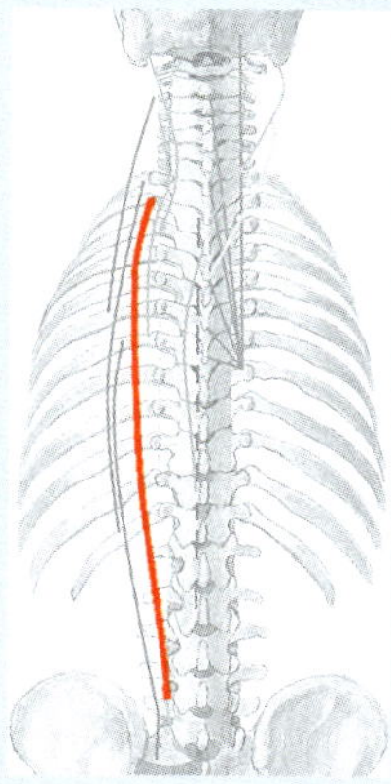

U: Procc. spinosi der Lendenwirbel, Facies dorsalis des Os sacrum, häufig von Proc. mamillaris des 2. und 1. Lendenwirbels sowie von Proc. transversus des 12.–6. Brustwirbels

A: medialer Anteil: Proc. mamillaris des 5. Lendenwirbels, Proc. accessorius des 4.–1. Lendenwirbels, Procc. transversi der Brustwirbel; lateraler Anteil: Proc. costalis des 4.–1. Lendenwirbels, tiefes Blatt der Fascia thoracolumbalis, XII.–II. Rippe medial des Angulus costae

F: einseitig aktiv: Lateralflexion, beidseitig aktiv: Extension, verspannt Wirbelsäule

M. longissimus cervicis
Rr. posteriores der Nn. spinales

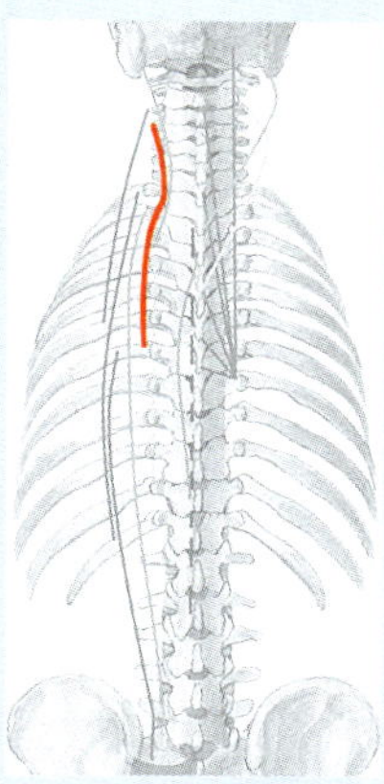

U: Proc. transversus des 6.–1. Brust- und 7.–3. Halswirbels

A: Tuberculum posterius des Proc. transversus des 5.–2. Halswirbels

F: einseitig aktiv: Lateralflexion, beidseitig aktiv: Extension, verspannt Wirbelsäule

M. longissimus capitis
Rr. posteriores der Nn. spinales

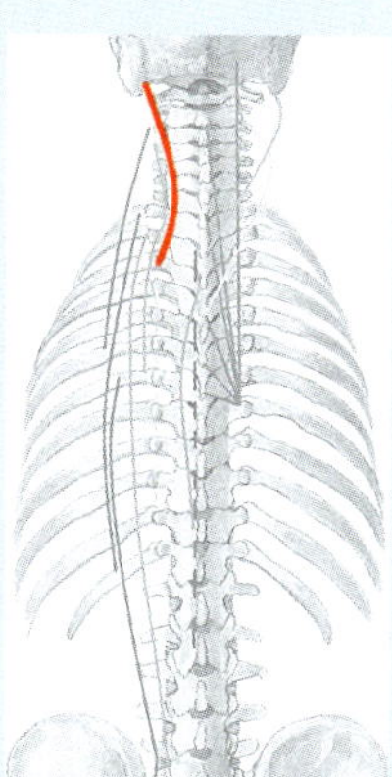

U: Proc. transversus des 3. Brust- bis 3. Halswirbels

A: Hinterrand des Proc. mastoideus

F: einseitig aktiv: Lateralflexion, beidseitig aktiv: Extension, verspannt Wirbelsäule

18 Autochthone Muskeln des Rückens (Fortsetzung)

b Intertransversales System

Mm. intertransversarii laterales lumborum (Sie sind streng genommen keine autochthonen Muskeln, sondern ventraler Herkunft.)
Rr. anteriores der Nn. spinales

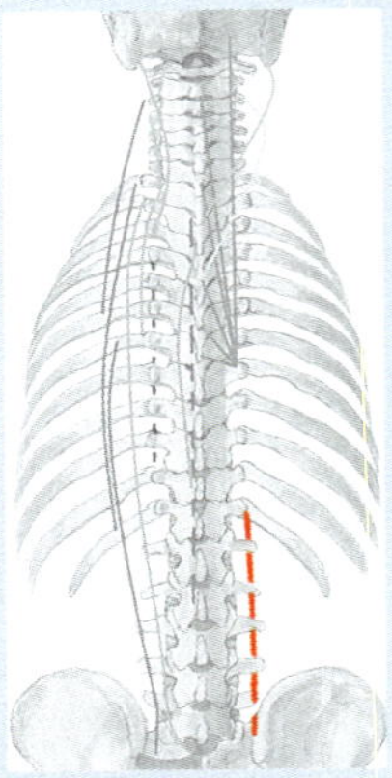

U: Tuberositas iliaca, Proc. costalis und Proc. accessorius des 5.–1. Lendenwirbels, Proc. transversus des 12. Brustwirbels

A: Proc. costalis des 5.–1. Lendenwirbels, Tuberositas iliaca

F: einseitig aktiv: Lateralflexion, beidseitig aktiv: Extension

Mm. intertransversarii mediales lumborum
Rr. posteriores der Nn. spinales

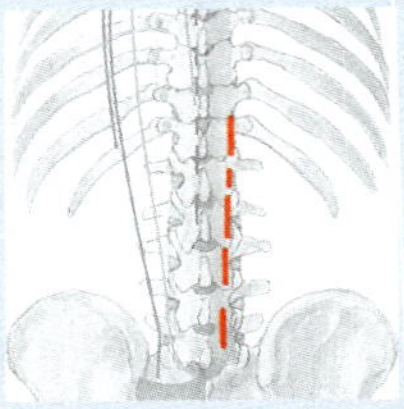

U: Proc. accessorius des 4.–1. Lendenwirbels

A: Proc. mamillaris des 5.–2. Lendenwirbels

F: einseitig aktiv: Lateralflexion, beidseitig aktiv: Extension

Mm. intertransversarii thoracis
Rr. posteriores Nn. spinales

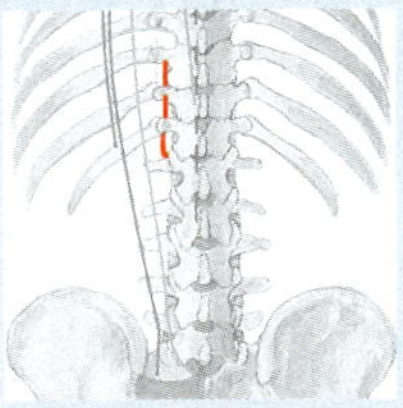

U: Proc. transversus des 12.–10. Brustwirbels

A: Proc. accessorius und Proc. mamillaris des 1. Lendenwirbels bis Proc. transversus des 11. Brustwirbels

F: einseitig aktiv: Lateralflexion, beidseitig aktiv: Extension

Mm. intertransversarii posteriores cervicis
Rr. posteriores der Nn. spinales

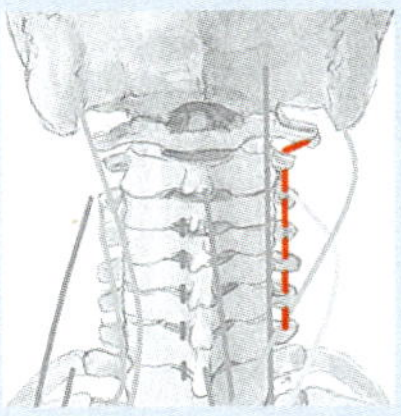

U: Tuberculum posterius des Proc. transversus des 6.–1. Halswirbels

A: Tuberculum posterius des Proc. transversus des 7.–2. Halswirbels

F: einseitig aktiv: Lateralflexion; beidseitig aktiv: Extension

Mm. intertransversarii anteriores cervicis (Sie sind streng genommen keine autochthonen Muskeln, sondern ventraler Herkunft.)
Rr. anteriores der Nn. spinales

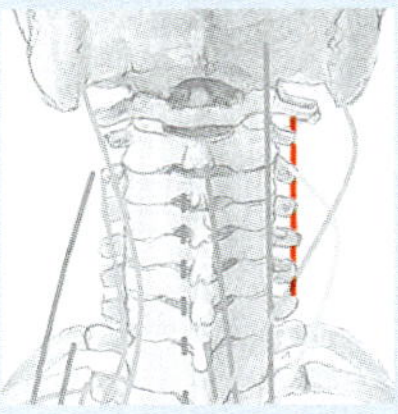

U: Tuberculum anterius des Proc. transversus des 6.–1. Halswirbels

A: Tuberculum anterius des Proc. transversus des 7.–2. Halswirbels

F: einseitig aktiv: Lateralflexion, beidseitig aktiv: Extension

18 Autochthone Muskeln des Rückens (Fortsetzung)

c Spinotransversales System

M. splenius cervicis
Rr. posteriores der Nn. cervicales

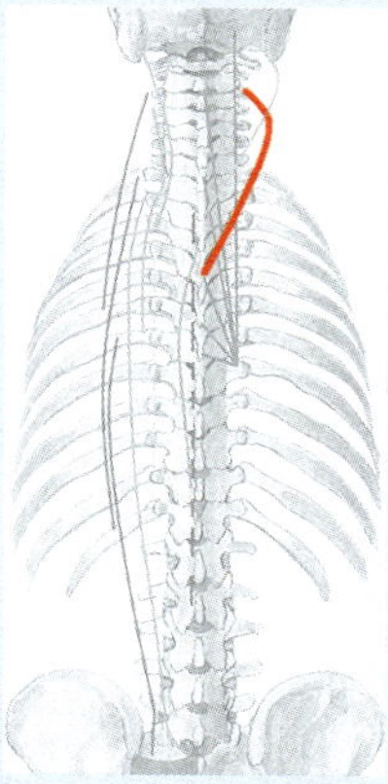

U: Proc. spinosus des 3. Brust- bis 6. Halswirbels, Lig. supraspinale

A: Tuberculum posterius des Proc. transversus des (3.) 2.–1. Halswirbels

F: einseitig aktiv: Lateralflexion, Rotation von Halswirbelsäule und Kopf zur ipsilateralen Seite, beidseitig aktiv: Extension der Halswirbelsäule, verspannen Halswirbelsäule

M. splenius capitis
Rr. posteriores der Nn. cervicales

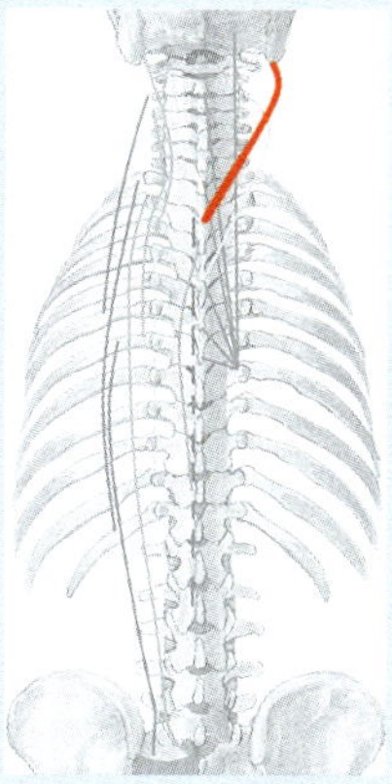

U: Proc. spinosus des 3.–7. Halswirbels, Lig. nuchae

A: Proc. mastoideus, (Linea nuchalis superior)

F: einseitig aktiv: Lateralflexion, Rotation von Halswirbelsäule und Kopf zur ipsilateralen Seite, beidseitig aktiv: Extension der Halswirbelsäule, verspannen Halswirbelsäule

d Mm. levatores costarum

Mm. levatores costarum (Die Mm. levatores costarum longi überspringen jeweils eine Rippe, die Mm. levatores costarum breves ziehen zur nächsten kaudalen Rippe.)
Rr. posteriores des N. cervicalis [C8] und der Nn. thoracici [T1–T10]

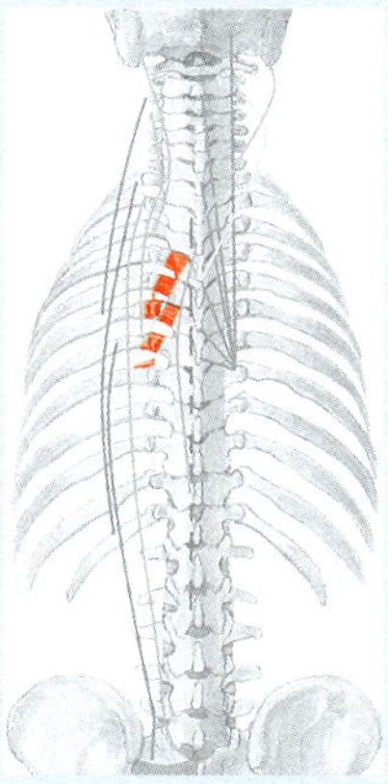

U: Proc. transversus des 11. Brust- bis 7. Halswirbels

A: XII.–I. Rippe jeweils lateral des Angulus costae

F: heben die Rippen, Lateralflexion und Rotation der Wirbelsäule

18 Autochthone Muskeln des Rückens (Fortsetzung)

II Medialer Trakt

Der mediale Trakt der autochthonen Rückenmuskulatur liegt im Hals- und Lendenbereich unter dem lateralen Trakt und wird deshalb auch als tiefer Anteil der autochthonen Rückenmuskulatur bezeichnet. Dazu gehören als gerade verlaufende Muskelstränge die Mm. interspinales und der M. spinalis. Schräg nach kranial medial konvergierend (transversospinal) ziehen die Mm. rotatores, die Mm. multifidi und der M. semispinalis.

a Spinales System

Mm. interspinales lumborum
Rr. posteriores der Nn. spinales

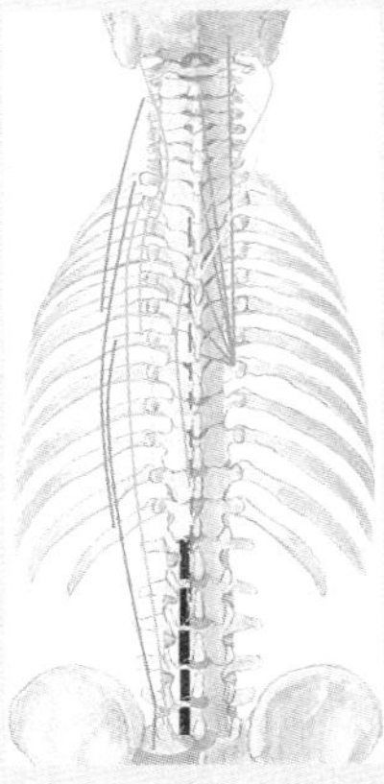

U: Proc. spinosus des 5.–1. Lendenwirbels

A: oberster Rand der Crista sacralis mediana, Proc. spinosus des 5.–2. Lendenwirbels

F: segmentale Extension, Stabilisierung und Feineinstellung der Bewegungssegmente

Mm. interspinales thoracis
Rr. posteriores der Nn. spinales

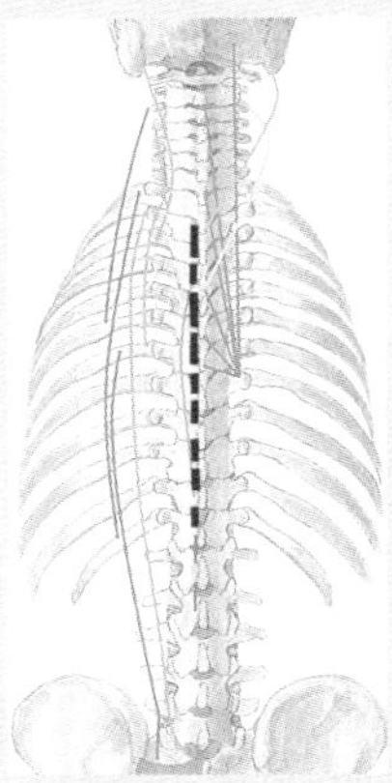

U: Proc. spinosus des (12.) 11.–2. (1.) Brustwirbels

A: Proc. spinosus des (1. Lenden-) 12.–3. (2.) Brustwirbels

F: segmentale Extension, Stabilisierung und Feineinstellung der Bewegungssegmente

Mm. interspinales cervicis
Rr. posteriores der Nn. spinales

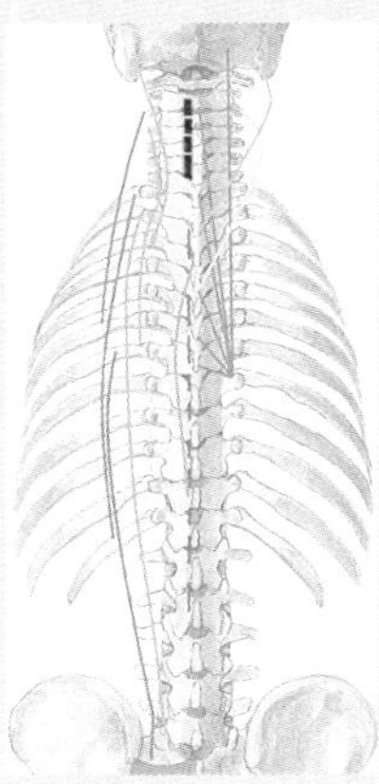

U: Proc. spinosus des 7.–2. Halswirbels

A: Proc. spinosus des 1. Brust- bis 3. Halswirbels

F: segmentale Extension, Stabilisierung und Feineinstellung der Bewegungssegmente

18 Autochthone Muskeln des Rückens (Fortsetzung)

M. spinalis thoracis (Er hängt an seinem Ursprung eng mit dem M. longissimus thoracis, an seinem Ansatz eng mit den Mm. multifidi zusammen.)
Rr. posteriores der Nn. spinales

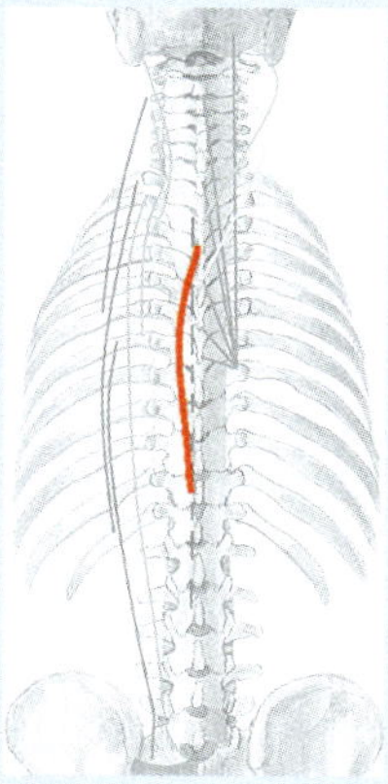

U: Proc. spinosus des (3.) 2., 1. Lenden- und 12.–10. Brustwirbels

A: Proc. spinosus des (10.) 9.–2. Brustwirbels

F: einseitig aktiv: Lateralflexion, beidseitig aktiv: Extension

M. spinalis cervicis
Rr. posteriores der Nn. spinales

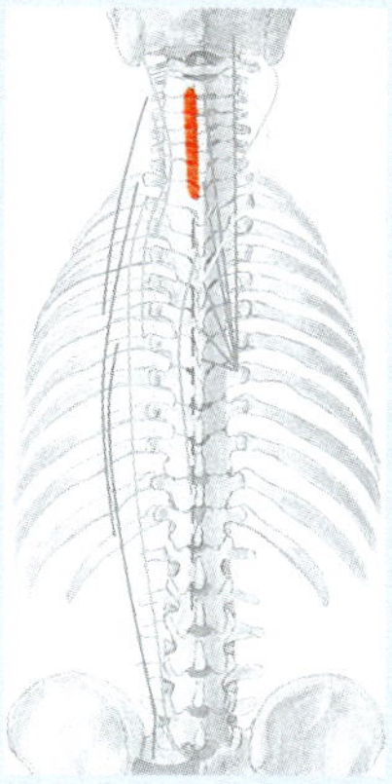

U: Proc. spinosus des (4.) 3.–1. Brust- und 7.–6. Halswirbels

A: Proc. spinosus des (6.) 5.–2. Halswirbels

F: einseitig aktiv: Lateralflexion, beidseitig aktiv: Extension

M. spinalis capitis (Inkonstanter Muskel, hängt an seinem Ansatz eng mit dem M. semispinalis capitis zusammen.)
Rr. posteriores der Nn. spinales

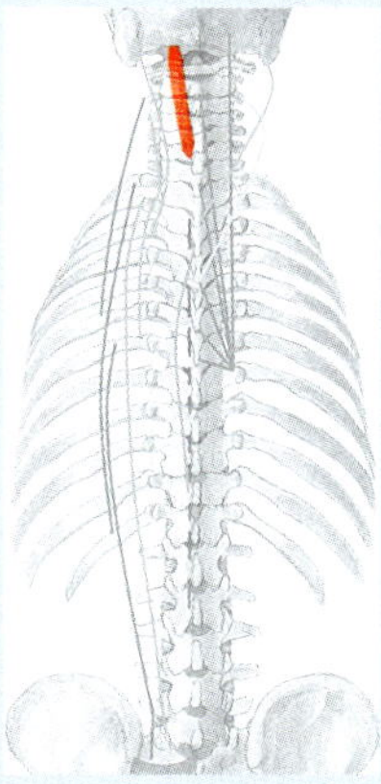

U: Proc. spinosus des 3.–1. Brust- und 7.–6. Halswirbels

A: Squama ossis occipitalis zwischen Linea nuchalis suprema und Linea nuchalis superior nahe der Protuberantia occipitalis externa

F: einseitig aktiv: Lateralflexion, beidseitig aktiv: Extension

18 Autochthone Muskeln des Rückens (Fortsetzung)

b Transversospinales System

Mm. rotatores (Sie werden in die Mm. rotatores cervicis, in die Mm. rotatores thoracis und in die inkonstanten Mm. rotatores lumborum gegliedert. Als Mm. rotatores breves ziehen sie zum nächsthöheren Wirbel, als Mm. rotatores longi überspringen sie jeweils einen Wirbel.)
Rr. posteriores der Nn. spinales

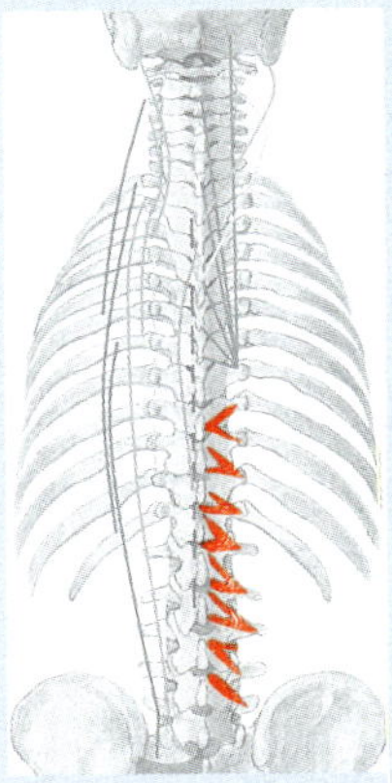

	U: Procc. mamillares der Lendenwirbel, Procc. transversi der Brustwirbel, Procc. articulares inferiores der Halswirbel	**A:** Wurzel des Proc. spinosus des 3.–1. Lenden-, 12.–1. Brust- und 7.–2. Halswirbels	**F:** einseitig aktiv: segmentale Lateralflexion, Rotation, beidseitig aktiv: segmentale Extension, Stabilisierung der Bewegungssegmente

Mm. multifidi (Sie sind im Lendenwirbelbereich besonders kräftig und überspringen jeweils zwei bis vier Wirbel.)
Rr. posteriores der Nn. spinales

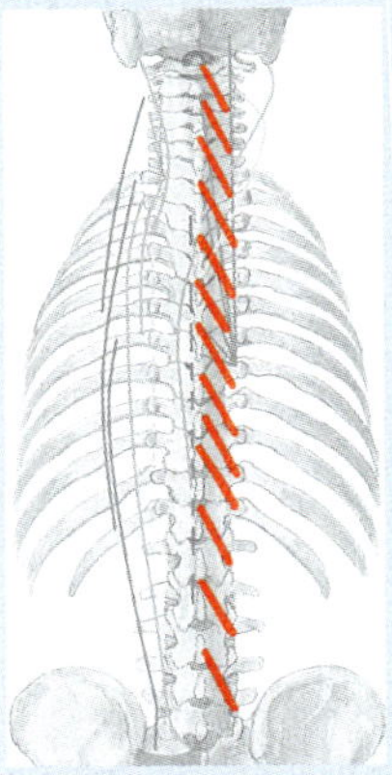

	U: Facies dorsalis des Os sacrum, Lig. sacroiliacum posterius, dorsaler Anteil der Crista iliaca, Procc. mamillares der Lendenwirbel, Procc. transversi der Brustwirbel, Proc. articularis inferior des 7.–4. Halswirbels	**A:** Proc. spinosus des 5.–1. Lenden-, 12.–1. Brust- und 7.–2. Halswirbels	**F:** einseitig aktiv: segmentale Lateralflexion, Rotation, beidseitig aktiv: segmentale Extension, verspannen und stabilisieren die Wirbelsäule

M. semispinalis thoracis (Seine Fasern überspringen jeweils fünf bis sieben Wirbel.)
Rr. posteriores der Nn. spinales

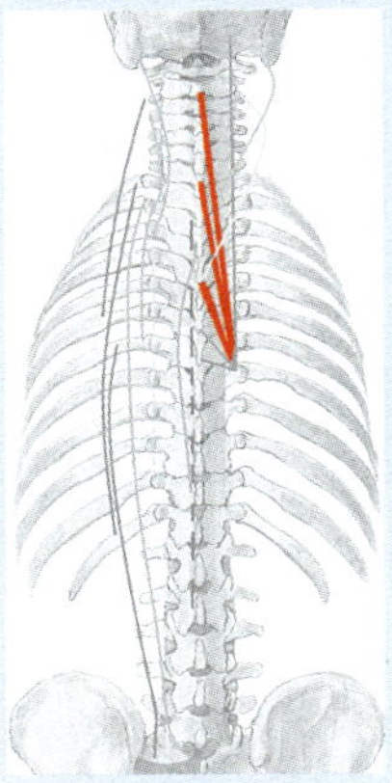

	U: Proc. transversus des (12.) 11.–7. (6.) Brustwirbels	**A:** Proc. spinosus des (4.) 3. Brust- bis 6. Halswirbels	**F:** einseitig aktiv: Rotation von Wirbelsäule und Kopf zur kontralateralen Seite, beidseitig aktiv: Extension, verspannt und stabilisiert die Brustwirbelsäule

18 Autochthone Muskeln des Rückens (Fortsetzung)

M. semispinalis cervicis
Rr. posteriores der Nn. spinales

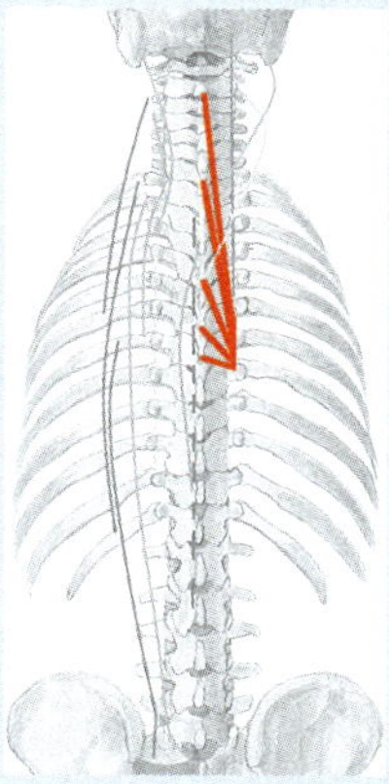

U: Proc. transversus des (7.) 6. Brust- bis 7. Halswirbels

A: Proc. spinosus des 6.–3. Halswirbels

F: einseitig aktiv: Rotation von Wirbelsäule und Kopf zur kontralateralen Seite, Seitneigung
beidseitig aktiv: Extension, verspannt und stabilisiert die Brust- und Halswirbelsäule

M. semispinalis capitis
Rr. posteriores der Nn. spinales

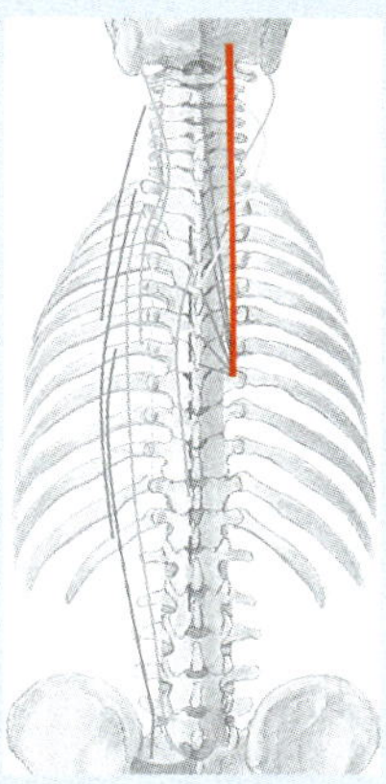

U: Proc. transversus des (8.) 7. Brust- bis 3. Halswirbels

A: Squama ossis occipitalis zwischen Linea nuchalis suprema und Linea nuchalis superior, medialer Bereich

F: einseitig aktiv: Rotation von Wirbelsäule und Kopf zur kontralateralen Seite, Seitneigung
beidseitig aktiv: Extension, verspannt und stabilisiert die Brust- und Halswirbelsäule

III Autochthone tiefe Muskeln des Nackens (→ Abb. 2.77, → Abb. 2.78, → Abb. 2.81–2.83)

M. rectus capitis posterior major
N. suboccipitalis (dorsaler Ast des N. cervicalis [C1])

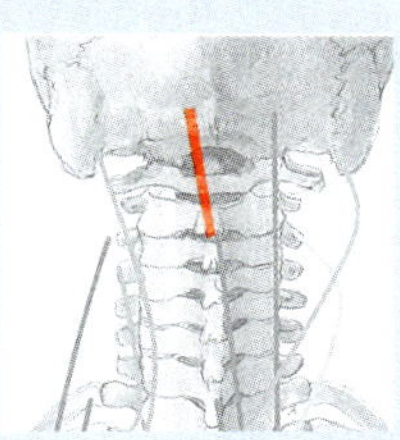

U: Proc. spinosus des Axis

A: mittleres Drittel der Linea nuchalis inferior

F: einseitig aktiv: dreht und neigt den Kopf zur ipsilateralen Seite,
beidseitig aktiv: wirkt bei der Feinabstimmung der Position und der Kinematik der Kopfgelenke mit, Extension, Feineinstellung des Kopfes im Atlantookzipitalgelenk

M. rectus capitis posterior minor
N. suboccipitalis (dorsaler Ast des N. cervicalis [C1])

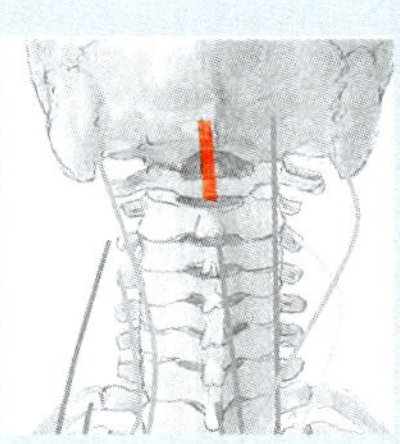

U: Tuberculum posterius des Arcus posterior des Atlas

A: medial unterhalb der Linea nuchalis inferior

F: einseitig aktiv: dreht und neigt den Kopf zur ipsilateralen Seite,
beidseitig aktiv: wirkt bei der Feinabstimmung der Position und der Kinematik der Kopfgelenke mit, Extension, Feineinstellung des Kopfes im Atlantookzipitalgelenk

18 Autochthone Muskeln des Rückens (Fortsetzung)

M. obliquus capitis superior
N. suboccipitalis (dorsaler Ast des N. cervicalis [C1])

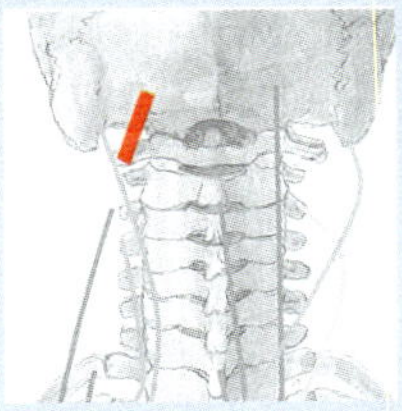	**U:** Proc. transversus des Atlas	**A:** laterales Drittel der Linea nuchalis inferior	**F:** einseitig aktiv: neigt den Kopf zur ipsilateralen Seite, beidseitig aktiv: wirkt bei der Feinabstimmung der Position und der Kinematik der Kopfgelenke mit, Extension

M. obliquus capitis inferior
N. suboccipitalis (dorsaler Ast des N. cervicalis [C1])

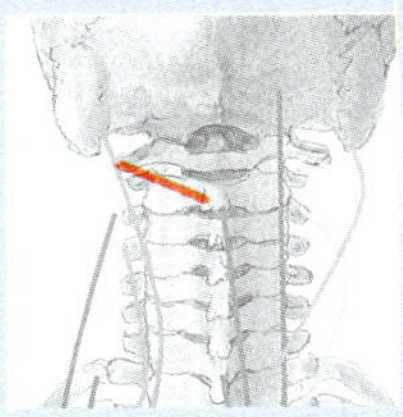	**U:** Proc. spinosus des Axis	**A:** Proc. transversus des Atlas	**F:** einseitig aktiv: dreht den Kopf zur ipsilateralen Seite, beidseitig aktiv: wirkt bei der Feinabstimmung der Position und der Kinematik der Kopfgelenke mit, Extension

19 **Zwerchfell** (→ Abb. 2.95–2.99)

Das Diaphragma trennt die Brust- von der Bauchhöhle. Seine Kuppeln bilden den Boden der rechten bzw. linken Pleurahöhle. Die Pars lumbalis begrenzt dorsal das Retroperitoneum und stellt einen Anteil der hinteren Bauchwand dar.

Diaphragma
N. phrenicus (Plexus cervicalis)

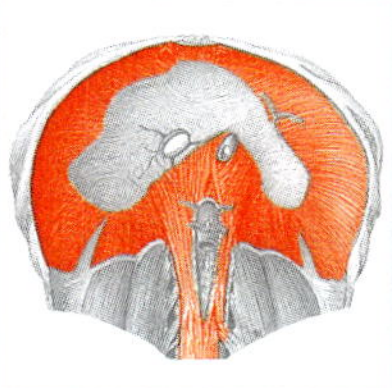

U: Pars sternalis: Innenfläche des Proc. xiphoideus, Rektusscheide
Pars costalis: Innenfläche der Cartilago costalis der XII.–VI. Rippe
Pars lumbalis:
- Pars medialis: Corpus des 3.–1. Lendenwirbels
- Pars lateralis: mit Ligg. arcuata mediale (Psoasarkade) und laterale (Quadratusarkade) an Proc. costalis der I. und XII. Rippe

A: Alle Teile vereinigen sich im Centrum tendineum

F: Bauchatmung (Inspiration), Bauchpresse

Durchtrittsstellen und Schwachstellen im Zwerchfell

Name	Lage	Strukturen
Hiatus aorticus	Pars lumbalis, zwischen Crus dextrum, Crus sinistrum und Wirbelsäule	Aorta; Ductus thoracicus
Hiatus oesophageus	Pars lumbalis (Pars medialis links)	Oesophagus; Nn. vagi; N. phrenicus sinister: R. phrenicoabdominalis sinister
Foramen venae cavae	Centrum tendineum	V. cava inferior; N. phrenicus dexter: R. phrenicoabdominalis dexter
Trigonum sternocostale	zwischen Pars sternalis und Pars costalis	A./V. epigastrica superior
Trigonum lumbocostale	zwischen Pars costalis und Pars lumbalis	
ohne Namen	Pars lumbalis, (Pars medialis)	N. splanchnicus major und minor; V. azygos; V. hemiazygos
ohne Namen	Pars lumbalis, zwischen Pars medialis und Pars lateralis	Truncus sympathicus
ohne Namen	Centrum tendineum	N. phrenicus sinister: R. phrenicoabdominalis sinister

20 Beckenboden und Dammmuskulatur
(→ Abb. 4.95, → Abb. 7.63, → Abb. 7.96–7.98, → Abb. 7.128, → Abb. 7.129, → Abb. 7.131)

Das Diaphragma pelvis wird vom M. levator ani und vom M. ischiococcygeus gebildet. Darunter liegt die Dammmuskulatur.

a Diaphragma pelvis

M. levator ani (Er besteht aus dem M. pubococcygeus und dem M. iliococcygeus. Vom M. pubococcygeus ausgehend bildet der M. puborectalis eine Schlinge um das Rectum.)
Äste des N. sacralis [S3 und S4]

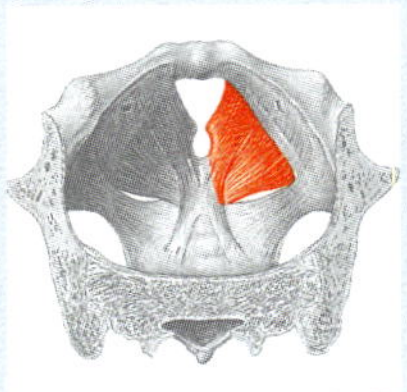

U: M. pubococcygeus: Innenfläche des Os pubis nahe der Symphyse **M. iliococcygeus:** Arcus tendineus musculi levatoris ani	**A:** Centrum tendineum perinei, Os coccygis, Os sacrum, Schlingenbildung mit Fasern der Gegenseite hinter dem Anus (M. puborectalis)	**F:** stabilisiert Beckenorgane, dadurch Harn- und Stuhlkontinenz, umfasst das Rectum von hinten, dadurch Rektumverschluss (M. puborectalis)

M. ischiococcygeus
Äste des N. sacralis [S3 und S4]

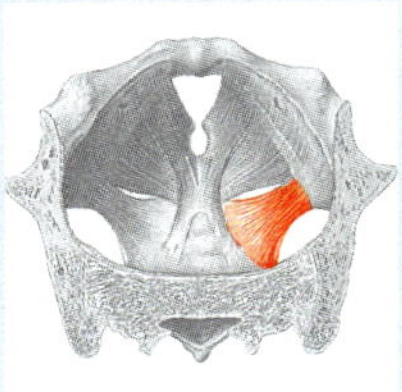

U: Spina ischiadica, Lig. sacrospinale	**A:** Os sacrum, Os coccygis	**F:** wie M. levator ani

M. sphincter ani externus
N. pudendus (Plexus sacralis)

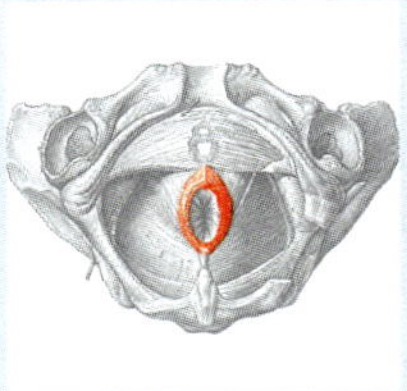

U: Pars subcutanea: Dermis und Subcutis rund um den Anus **Pars superficialis und profunda:** Centrum tendineum perinei	**A:** Dermis und Subcutis rund um den Anus, Lig. anococcygeum	**F:** Verschluss des Anus

20 Beckenboden und Dammmuskulatur (Fortsetzung)

b Dammmuskulatur

M. transversus perinei profundus
N. pudendus (Plexus sacralis)

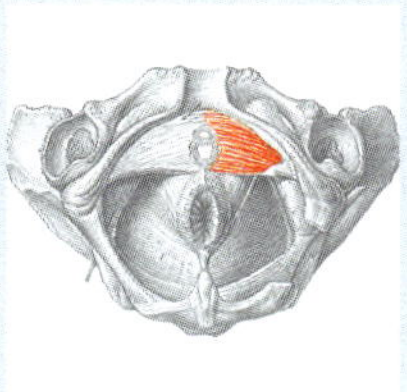

U	A	F
U: Ramus inferior ossis pubis	**A:** Centrum tendineum perinei	**F:** sichert das Levatortor

M. sphincter urethrae externus (Teil des M. transversus perinei profundus)
N. pudendus (Plexus sacralis)

U	A	F
U: Ringmuskel, Fasern aus M. transversus perinei profundus	**A:** Bindegewebe um Urethra (Pars membranacea), Vaginalwand (M. sphincter urethrovaginalis)	**F:** Verschluss der Urethra, Verschluss der Harnblase bei der Ejakulation

M. transversus perinei superficialis (inkonstanter Muskel)
N. pudendus (Plexus sacralis)

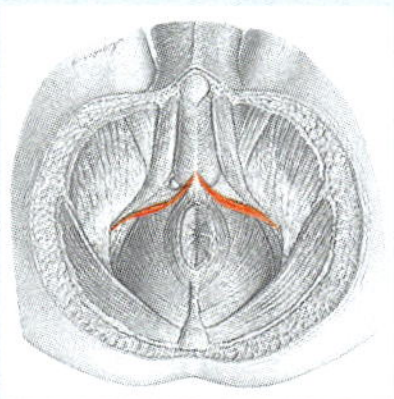

U	A	F
U: Ramus ossis ischii	**A:** Centrum tendineum perinei	**F:** unterstützt den M. transversus perinei profundus

M. ischiocavernosus
N. pudendus (Plexus sacralis)

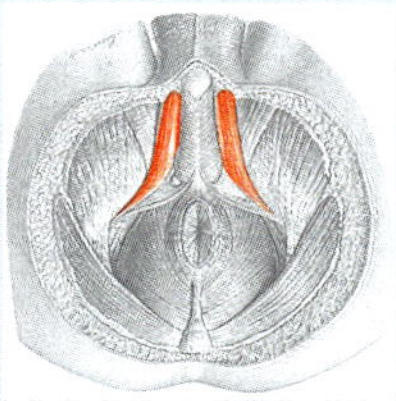

U	A	F
U: Ramus ossis ischii	**A:** Crus penis/clitoridis	**F:** Schwellkörperstabilisierung, Ejakulation

M. bulbospongiosus (umgreift beim Mann den Bulbus penis, bei der Frau den Bulbus vestibuli)
N. pudendus (Plexus sacralis)

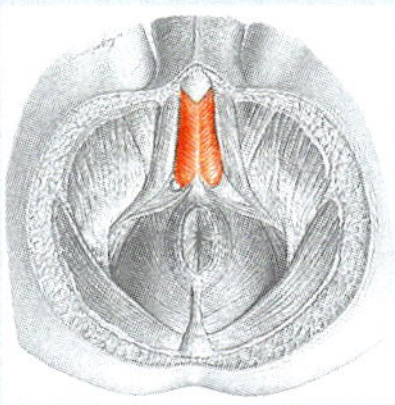

U	A	F
U: Centrum tendineum perinei, beim Mann zusätzlich an der Raphe penis	**A:** umfasst Bulbus penis/ Bulbus vestibuli	**F:** Schwellkörperstabilisierung, Ejakulation

21 Gelenke der oberen Gliedmaße, Articulationes membri superioris (→ Abb. 3.6)

a Gelenke des Schultergürtels, Articulationes cinguli pectoralis

Gelenkname	Gelenkart	Bewegungsmöglichkeiten
Mediales Schlüsselbeingelenk, Articulatio sternoclavicularis	unregelmäßige Gelenkflächen, Articulatio irregularis funktionell: Kugelgelenk (Besonderheit: Discus articularis)	Rotation um eine sagittale Achse (beim Heben der Schulter), Rotation um eine longitudinale Achse (beim Vor- und Rückführen der Schulter), Rotation um die Längsachse der Clavicula (beim Pendeln des Arms)
Laterales Schlüsselbeingelenk (= Schultereckgelenk), Articulatio acromioclavicularis	planes Gelenk, Articulatio plana funktionell: Kugelgelenk (Besonderheit: variabler, meist unvollständiger Discus articularis)	Rotation um eine sagittale Achse (beim Heben der Schulter), Rotation um eine transversale Achse (beim Pendeln des Arms), Rotation um eine longitudinale Achse (beim Vor- und Rückführen der Schulter)

b Gelenke der freien oberen Gliedmaße, Articulationes membri superioris liberi

Gelenkname	Gelenkart	Bewegungsmöglichkeiten	
Schultergelenk, Articulatio humeri	Kugelgelenk, Articulatio spheroidea	Vorführen (Beugung) Rückführen (Streckung) Seitheben Heranführen Innenkreiseln Außenkreiseln (Armkreisen, Zirkumduktion: Kombinationsbewegung aus Anteversion, Abduktion, Retroversion, Adduktion)	Anteversion (Flexion) Retroversion (Extension) Abduktion Adduktion Innenrotation Außenrotation
Ellenbogengelenk, Articulatio cubiti			
a) Oberarmellengelenk, Articulatio humeroulnaris	Scharniergelenk, Ginglymus	Beugung Streckung	Flexion Extension
b) Oberarmspeichengelenk, Articulatio humeroradialis	Kugelgelenk, Articulatio spheroidea (funktionell eingeschränkt: keine Abduktion)	Beugung Streckung Kreiseln	Flexion Extension Rotation
c) Proximales Ellenspeichengelenk, Articulatio radioulnaris proximalis	Zapfengelenk, Articulatio conoidea	} Umwendebewegungen der Hand	Pronation Supination
Distales Ellenspeichengelenk, Articulatio radioulnaris distalis	Radgelenk, Articulatio trochoidea		
Handgelenke			
a) Proximales Handgelenk, Articulatio radiocarpalis	Eigelenk, Articulatio ellipsoidea	} Lateralbewegungen der Hand	Abduktion nach ulnar Abduktion nach radial
b) Distales Handgelenk, Articulatio mediocarpalis	verzahntes Scharniergelenk, Ginglymus	} Beugung Streckung	Palmarflexion Dorsalextension
Daumensattelgelenk, Articulatio carpometacarpalis pollicis	Sattelgelenk, Articulatio sellaris	Abspreizen Heranführen Gegenüberstellen Rückstellen	Abduktion Adduktion Opposition Reposition
Handwurzel-Mittelhand-Gelenke II–V, Articulationes carpometacarpales II–V	plane Gelenke, Articulationes planae	sehr unterschiedliche Verschieblichkeit	
Fingergrundgelenke, Articulationes metacarpophalangeae	Kugelgelenke, Articulationes spheroideae (funktionell eingeschränkt)	Beugung Streckung Spreizen* Schließen* (* bezogen auf den Mittelfinger)	Flexion Extension Abduktion* Adduktion*
Fingergelenke, Articulationes interphalangeae manus	Scharniergelenke, Ginglymi	Beugung Streckung	Flexion Extension

21 Gelenke der oberen Gliedmaße, Articulationes membri superioris (Fortsetzung)

c Bewegungsebenen und Achsen der Gelenke des Arms

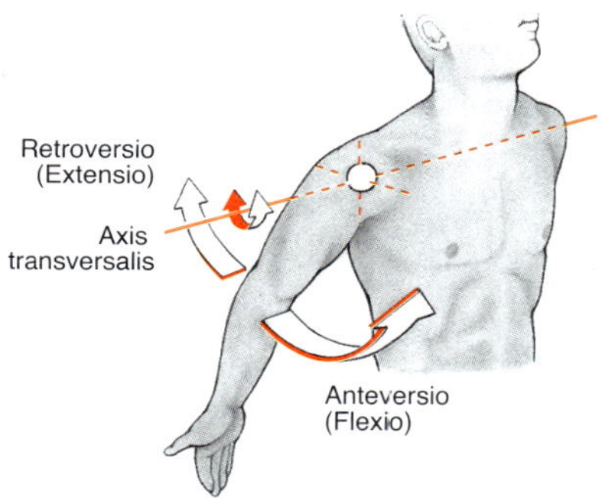

Abb. 1 Schultergelenk;
Bewegung in der Sagittalebene.

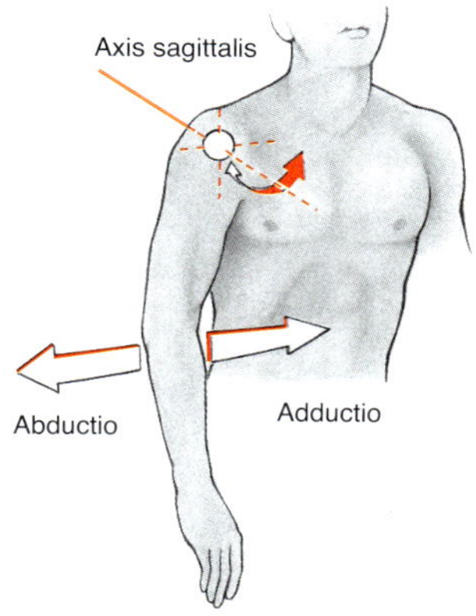

Abb. 2 Schultergelenk;
Bewegung in der Frontalebene.

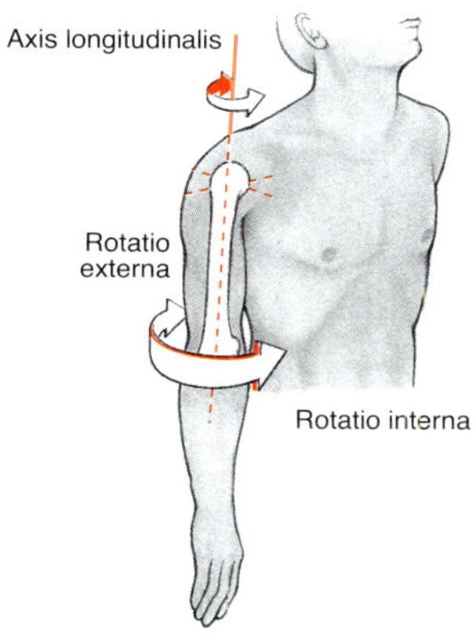

Abb. 3 Schultergelenk;
Bewegung in der Transversalebene.

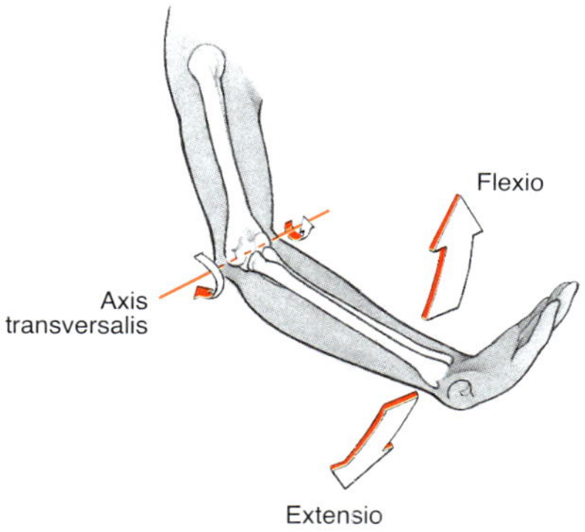

Abb. 4 Ellenbogengelenk;
Bewegung in der Sagittalebene.

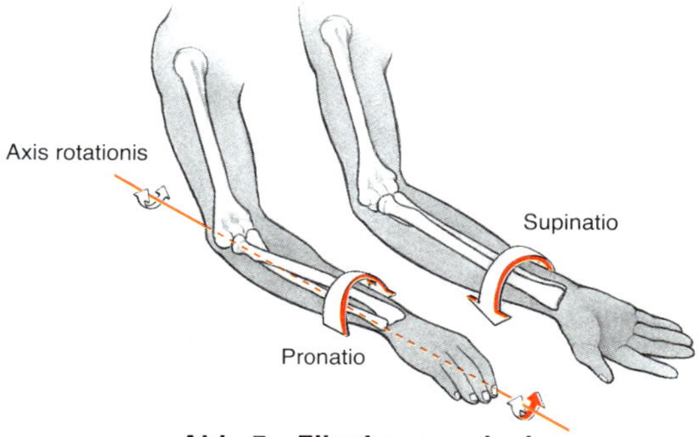

Abb. 5 Ellenbogengelenk;
Umwendebewegung der Hand.

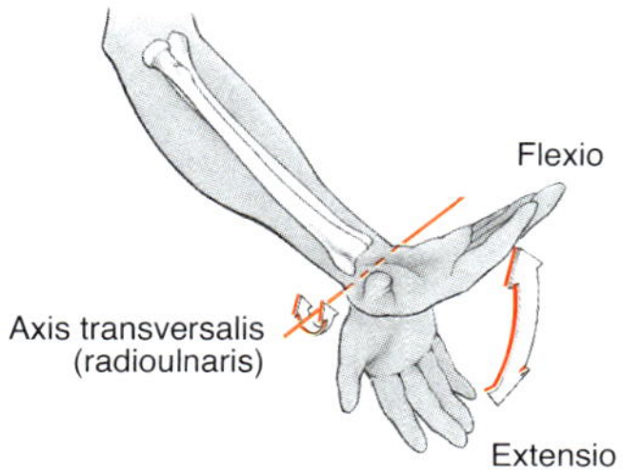

Abb. 6 Handgelenke;
Bewegung in der Sagittalebene
(Flächenbewegungen).

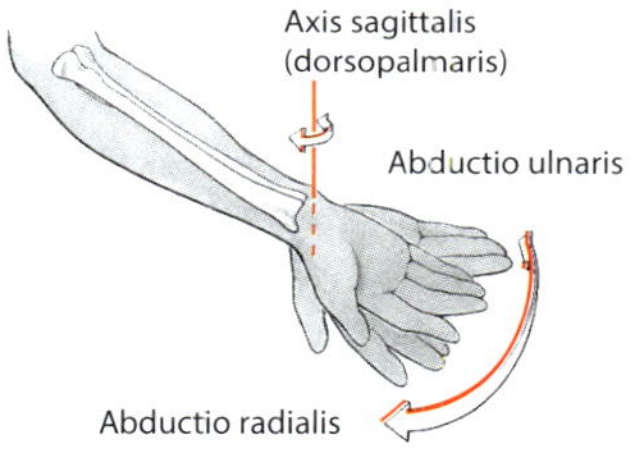

Abb. 7 Handgelenke;
Bewegung in der Frontalebene
(Randbewegungen).

Beim Handgelenk wird die Palmarflexion auch als Flexion, die Dorsalflexion auch als Extension bezeichnet.

22 Äste und Versorgungsgebiete des Plexus brachialis (→ Abb. 3.91, → Abb. 3.93–3.95, → Abb. 3.97–3.99, → Abb. 3.101–3.105, → Abb. 3.107–3.111, → Abb. 3.114, → Abb. 3.115, → Abb. 3.118, → Abb. 3.119)

	motorisch	**sensibel**
Plexus brachialis [C3–C4] C5–T1 (T2)		
N. dorsalis scapulae C3–C5	M. levator scapulae, Mm. rhomboidei	
N. suprascapularis C4–C6	M. supraspinatus, M. infraspinatus	
Nn. subscapulares C5–C7	M. subscapularis, (M. teres major)	
N. subclavius C5, C6	M. subclavius	
N. thoracicus longus C5–C7	M. serratus anterior	
Nn. pectorales C5–T1	M. pectoralis major, M. pectoralis minor	
N. thoracodorsalis C6–C8	M. latissimus dorsi, M. teres major	
Rr. musculares	M. longus colli, M. longus capitis	
N. musculocutaneus C5–C7	M. coracobrachialis, M. biceps brachii, M. brachialis	Haut an der radialen palmaren Seite des Unterarms
N. medianus C6–T1	M. pronator teres, M. flexor carpi radialis, M. palmaris longus, M. flexor digitorum superficialis, M. flexor pollicis longus, M. flexor digitorum profundus (radialer Teil), M. pronator quadratus, M. flexor pollicis brevis (Caput superficiale), M. opponens pollicis, Mm. lumbricales I, II	Haut des radialen Anteils der Handfläche (3½ Finger), Haut am Endglied dorsal (3½ Finger)
N. ulnaris C8–T1	M. flexor carpi ulnaris, M. flexor digitorum profundus (ulnarer Teil), M. palmaris brevis, M. flexor digiti minimi, M. opponens digiti minimi, M. abductor digiti minimi, M. flexor pollicis brevis (Caput profundum), M. adductor pollicis, Mm. lumbricales III, IV, Mm. interossei	Haut der ulnaren Seite der Hand (palmar: 1½ Finger, dorsal 2½ Finger), Haut am Endglied dorsal (1½ Finger)
N. cutaneus brachii medialis C8–T1		Haut der medialen palmaren Seite des Oberarms
N. cutaneus antebrachii medialis C8–T1		Haut der ulnaren palmaren Seite des Unterarms
N. axillaris C5–C6	M. deltoideus, M. teres minor	Haut der Schulter
N. radialis C5–T1	M. triceps brachii, M. anconeus, M. brachioradialis, M. extensor carpi radialis longus, M. extensor carpi radialis brevis, M. supinator, M. extensor digitorum, M. extensor pollicis longus, M. abductor pollicis longus, M. extensor pollicis brevis, M. extensor indicis, M. extensor carpi ulnaris	Haut der dorsalen Seite von Oberarm, Unterarm und Hand (2½ radiale Finger, mit Ausnahme der Endglieder)

23 Segmentale Innervation der Muskeln des Arms, diagnostisch wichtige Kennmuskeln

Die fettgedruckten Muskeln werden klinisch als Kennmuskeln für das jeweilige Segment verwendet.

M. supraspinatus	C4–C5	M. abductor pollicis longus	C6–C8
M. teres minor	C4–C5	M. extensor pollicis brevis	C7–T1
M. deltoideus: C5	C5–C6	M. extensor pollicis longus	C6–C8
M. infraspinatus	C4–C6	M. extensor digitorum	C6–C8
M. subscapularis	C5–C6	M. extensor indicis	C6–C8
M. teres major	C5–C7	M. extensor carpi ulnaris	C6–C8
M. biceps brachii: C6	C5–C6	M. extensor digiti minimi	C6–C8
M. brachialis	C5–C6	M. flexor digitorum superficialis	C7–T1
M. coracobrachialis	C5–C7	M. flexor digitorum profundus	C7–T1
M. triceps brachii: C7	C6–C8	M. flexor carpi ulnaris	C7–T1
M. brachioradialis	C5–C6	M. abductor pollicis brevis	C7–T1
M. extensor carpi radialis longus	C5–C7	M. flexor pollicis brevis	C7–T1
M. extensor carpi radialis brevis	C5–C7	M. opponens pollicis	C6–C7
M. supinator	C5–C6	M. flexor digiti minimi	C7–T1
M. pronator teres	C6–C7	M. adductor pollicis	C8–T1
M. flexor carpi radialis	C6–C7	**M. abductor digiti minimi: C8**	C8–T1
M. flexor pollicis longus	C6–C8	**Mm. interossei: C8**	C8–T1

24 Ventrale Muskeln des Schultergürtels
(→ Abb. 2.81–2.83, → Abb. 3.49, → Abb. 3.50, → Abb. 3.51c, d, → Abb. 3.55a)

Im Bereich der Schulter gibt es zwei Muskelgruppen. Die Schultergürtelmuskeln setzen an der Scapula oder Clavicula an und bewegen primär den Schultergürtel und damit nur indirekt den Arm. Die Schultermuskulatur dagegen hat ihre Ansätze am Humerus und bewegt diesen damit unmittelbar. Zu den ventralen Muskeln des Schultergürtels zählen M. serratus anterior, M. pectoralis minor und M. subclavius.

M. pectoralis minor
Nn. pectorales medialis et lateralis (Plexus brachialis, Pars infraclavicularis)

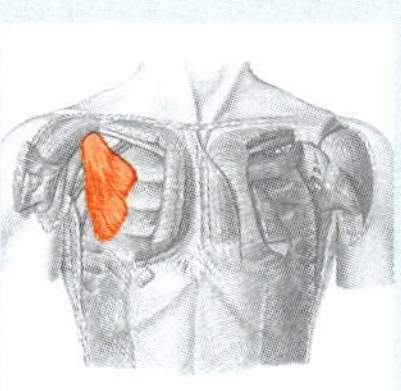

U: (II.) III.–V. Rippe nahe der Knochen-Knorpel-Grenze

A: Spitze des Proc. coracoideus

F: Schultergürtel:
Senken
Thorax:
hebt die oberen Rippen (Inspiration: Atemhilfsmuskel)

M. subclavius
N. subclavius (Plexus brachialis, Pars supraclavicularis)

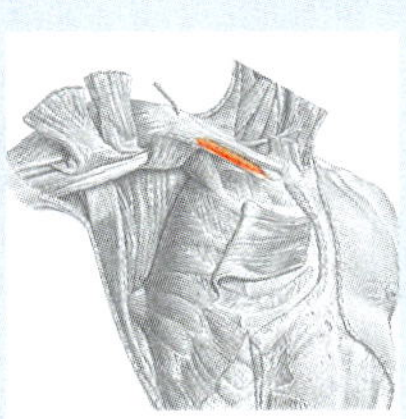

U: Knorpel-Knochen-Grenze der I. Rippe

A: laterales Drittel der Clavicula

F: Schultergürtel:
stabilisiert Sternoklavikulargelenk, schützt Vasa subclavia
Die Faszie des M. subclavius ist mit der Adventitia der V. subclavia fest verwachsen und hält diese damit offen.

M. serratus anterior (Bei Lähmung des M. serratus anterior oder des M. rhomboideus entsteht eine Scapula alata.)
N. thoracicus longus (Plexus brachialis, Pars supraclavicularis)

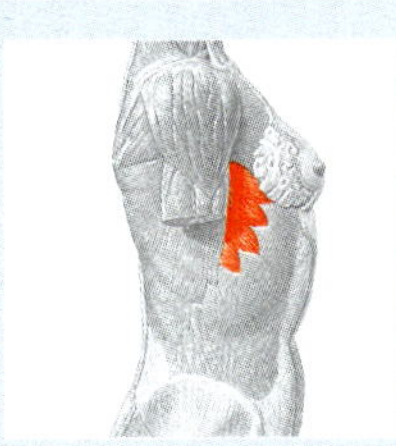

U: I.–IX. Rippe

A: **Pars superior:** Angulus superior
Pars divergens: Margo medialis
Pars convergens: Angulus inferior

F: Schultergürtel: zieht die Scapula nach ventrolateral, presst zusammen mit den Mm. rhomboidei die Scapula an den Thorax
Pars superior: hebt die Scapula
Pars divergens: senkt die Scapula
Pars convergens: senkt die Scapula und dreht ihren unteren Winkel nach außen zur Elevation des Arms über die Horizontale zusammen mit dem M. trapezius
Thorax: hebt bei festgestellter Scapula die Rippen (Inspiration)

25 Ventrale Muskeln der Schulter (→ Abb. 2.81–2.83, → Abb. 3.49, → Abb. 3.50, → Abb. 3.52f, → Abb. 3.55a)

Der M. pectoralis major ist der einzige vordere Schultermuskel. Er prägt das Oberflächenrelief der vorderen oberen Brustwand.

M. pectoralis major (Die Fasern konvergieren nach lateral zu einer breiten Sehne in Form einer nach oben offenen flachen Tasche.)
Nn. pectorales medialis et lateralis (Plexus brachialis, Pars infraclavicularis)

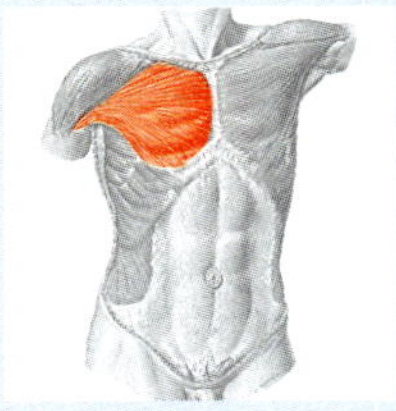	**U: Pars clavicularis:** sternale Hälfte der Clavicula **Pars sternocostalis**: Manubrium und Corpus sterni, Knorpel der II.–VII. Rippe **Pars abdominalis:** vorderes Blatt der Rektusscheide	**A:** Crista tuberculi majoris des Humerus	**F:** Schultergelenk: Adduktion (wichtigster Muskel), Innenrotation, Anteversion (wichtigster Muskel); Retroversion aus Anteversionsstellung Thorax: hebt bei festgestelltem Schultergürtel das Sternum und die oberen Rippen (Inspiration: Atemhilfsmuskel)

26 Laterale Muskeln der Schulter (→ Abb. 3.50, → Abb. 3.52d, e, → Abb. 3.54, → Abb. 3.60)

Der M. deltoideus bestimmt maßgeblich das Relief der Schulter. Durch die Bursa subdeltoidea getrennt, liegt unter ihm die Sehne des M. supraspinatus.

M. deltoideus
N. axillaris (Plexus brachialis, Pars infraclavicularis)

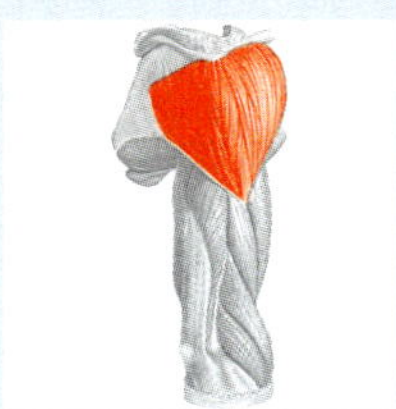	**U: Pars clavicularis:** akromiales Drittel der Clavicula **Pars acromialis:** Acromion **Pars spinalis:** Spina scapulae	**A:** Tuberositas deltoidea	**F:** Schultergelenk: Abduktion (wichtigster Muskel) **Pars clavicularis:** Adduktion (ab ca. 60° zunehmend Abduktion), Innenrotation, Anteversion **Pars acromialis:** Abduktion bis zur Horizontalebene **Pars spinalis:** Adduktion (ab ca. 60° zunehmend Abduktion), Außenrotation, Retroversion

M. supraspinatus
N. suprascapularis (Plexus brachialis, Pars supraclavicularis)

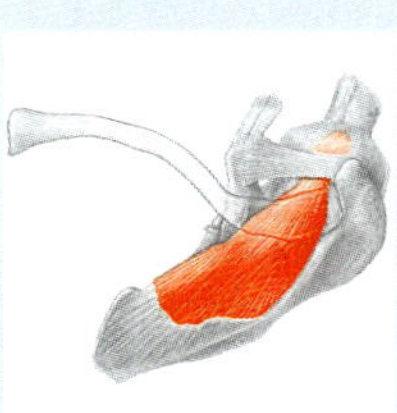	**U:** Fossa supraspinata, Fascia supraspinata	**A:** obere Facette des Tuberculum majus, Gelenkkapsel	**F:** Schultergelenk: Abduktion bis zur Horizontalebene, geringe Außenrotation Verstärkung der Gelenkkapsel **(Rotatorenmanschette)**

27 Dorsale Muskeln des Schultergürtels (→ Abb. 3.50, → Abb. 3.51a, b, → Abb. 3.55b)

Die dorsalen Muskeln dieser Gruppe, M. trapezius, M. levator scapulae, M. rhomboideus major und M. rhomboideus minor, gehören ihrer Lage nach zu den oberflächlichen Rückenmuskeln, ihrer Herkunft und Innervation nach werden sie als eingewanderte Rückenmuskeln bezeichnet.

M. trapezius
N. accessorius [XI] und Äste des Plexus cervicalis

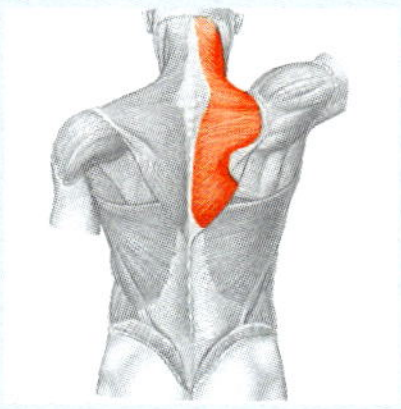

U: am Os occipitale zwischen Linea nuchalis suprema und Linea nuchalis superior, Procc. spinosi der Hals- und Brustwirbel

A: Pars descendens: akromiales Drittel der Clavicula
Pars transversa: Acromion
Pars ascendens: Spina scapulae

F: Pars descendens: verhindert das Absinken des Schultergürtels und des Arms (z. B. Koffer tragen), hebt die Scapula und dreht ihren unteren Winkel nach außen zur Elevation des Arms über die Horizontale gemeinsam mit dem M. serratus anterior, dreht bei festgestellten Schultern den Kopf zur kontralateralen Seite, streckt die Halswirbelsäule bei beidseitiger Innervation
Pars transversa: zieht die Scapula nach unten
Pars ascendens: senkt die Scapula und dreht sie nach unten

M. levator scapulae
Direkte Äste des Plexus cervicalis und N. dorsalis scapulae (Plexus brachialis, Pars supraclavicularis)

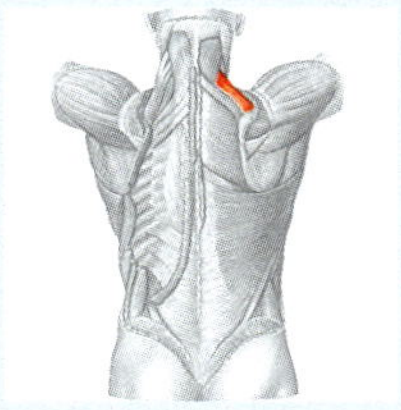

U: Tubercula posteriora der Procc. transversi des 1.–4. Halswirbels

A: Angulus superior der Scapula

F: Schultergürtel: hebt die Scapula

M. rhomboideus minor
N. dorsalis scapulae (Plexus brachialis, Pars supraclavicularis)

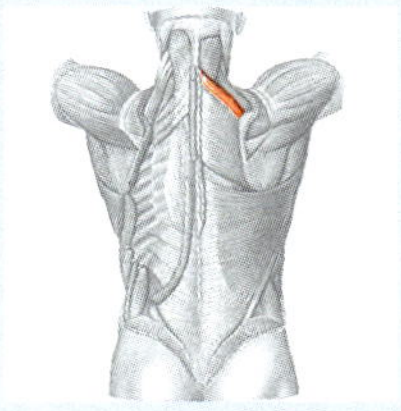

U: Proc. spinosus des 6. und 7. Halswirbels

A: Margo medialis der Scapula kranial der Spina scapulae

F: zieht die Scapula nach medial und kranial, fixiert gemeinsam mit dem M. serratus anterior die Scapula am Rumpf

M. rhomboideus major
N. dorsalis scapulae (Plexus brachialis, Pars supraclavicularis)

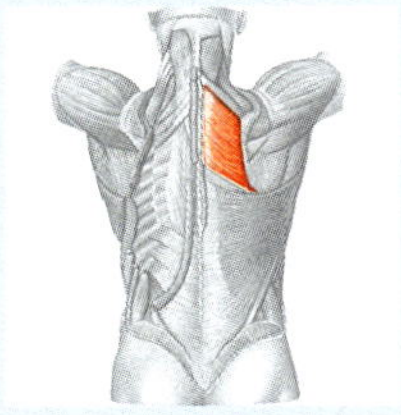

U: Proc. spinosus der vier oberen Brustwirbel

A: Margo medialis der Scapula kaudal der Spina scapulae

F: zieht die Scapula nach medial und kranial, fixiert gemeinsam mit dem M. serratus anterior die Scapula am Rumpf

28 Dorsale Muskeln der Schulter (→ Abb. 3.50, → Abb. 3.52a–c, → Abb. 3.55b)

Am weitesten kranial liegt der M. infraspinatus. Nach kaudal hin folgen der M. teres minor und der M. teres major. Der M. subscapularis liegt als einziger Muskel dieser Gruppe auf der Vorderseite des Schulterblatts. Der M. latissimus dorsi bedeckt großflächig die unteren Abschnitte der autochthonen Rückenmuskulatur.

M. infraspinatus
N. suprascapularis (Plexus brachialis, Pars supraclavicularis)

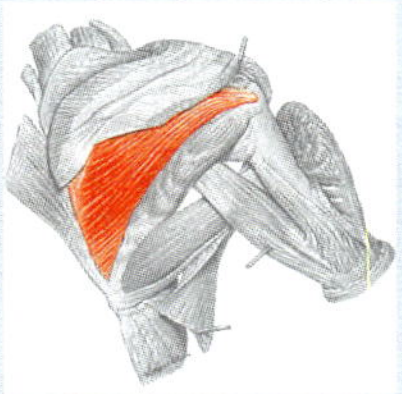	**U:** Fossa infraspinata, Fascia infraspinata	**A:** mittlere Facette des Tuberculum majus, Gelenkkapsel	**F:** Schultergelenk: Außenrotation (wichtigster Muskel) Verstärkung der Gelenkkapsel **(Rotatorenmanschette)**

M. teres minor
N. axillaris (Plexus brachialis, Pars infraclavicularis)

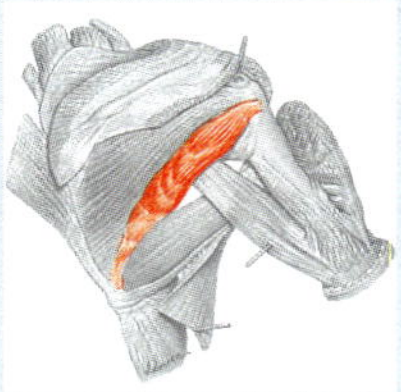	**U:** mittleres Drittel des Margo lateralis	**A:** untere Facette des Tuberculum majus, Gelenkkapsel	**F:** Schultergelenk: Außenrotation, Adduktion Verstärkung der Gelenkkapsel **(Rotatorenmanschette)**

M. teres major
N. thoracodorsalis (Plexus brachialis, Pars infraclavicularis)

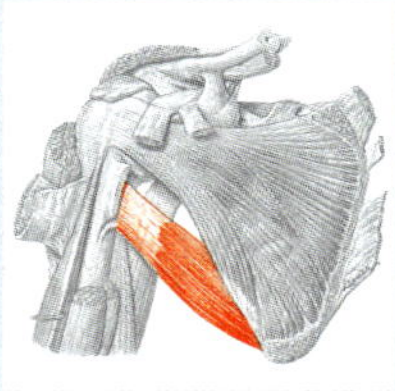	**U:** Angulus inferior	**A:** Crista tuberculi minoris medial vom M. latissimus dorsi	**F:** Schultergelenk: Innenrotation, Adduktion, Retroversion

M. subscapularis (Ansatz liegt unter dem Muskel die Bursa subtendinea musculi subscapularis.)
Nn. subscapulares (Plexus brachialis, Pars infraclavicularis)

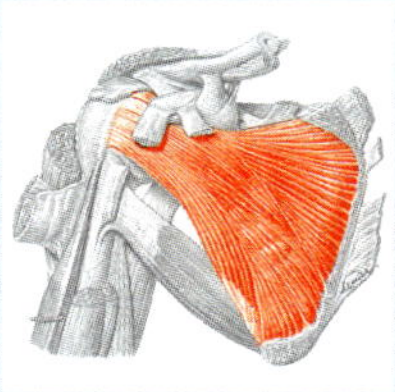	**U:** Fossa subscapularis	**A:** Tuberculum minus, Gelenkkapsel	**F:** Schultergelenk: Innenrotation (wichtigster Muskel) Verstärkung der Gelenkkapsel **(Rotatorenmanschette)**

M. latissimus dorsi
N. thoracodorsalis (Plexus brachialis, Pars infraclavicularis)

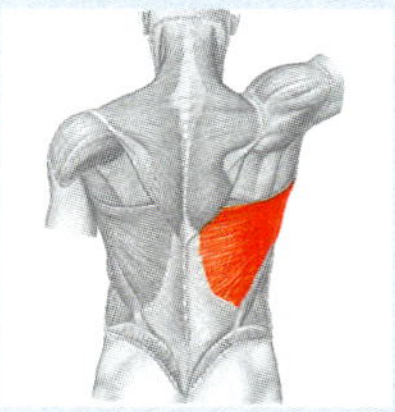	**U:** Proc. spinosus der sechs unteren Brustwirbel und der Lendenwirbel, Fascia thoracolumbalis, Facies dorsalis des Os sacrum, Labium externum der Crista iliaca, IX.–XII. Rippe, häufig Angulus inferior der Scapula	**A:** Crista tuberculi minoris	**F:** Schultergelenk: Adduktion, Innenrotation, Retroversion (wichtigster Muskel)

29 Ventrale Muskeln des Oberarms (→ Abb. 3.46, → Abb. 3.56, → Abb. 3.58, → Abb. 3.59)

Der M. biceps brachii prägt das Relief der Ventralseite des Oberarms. In enger Verbindung mit seinem Caput breve steht der M. coracobrachialis. Am tiefsten liegt der M. brachialis.

M. biceps brachii (Die Sehne des Caput longum zieht frei durch das Schultergelenk.)
N. musculocutaneus (Plexus brachialis, Pars infraclavicularis)

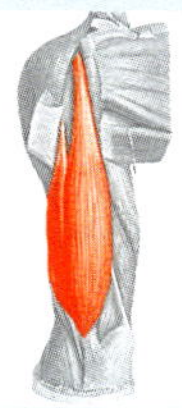

U: Caput longum: Tuberculum supraglenoidale
Caput breve: Spitze des Proc. coracoideus

A: Tuberositas radii, über die Aponeurosis musculi bicipitis brachii an der Fascia antebrachii

F: Schultergelenk:
Caput longum: Abduktion, Anteversion, Innenrotation
Caput breve: Adduktion, Anteversion, Innenrotation
Ellenbogengelenk:
Flexion (wichtigster Muskel), Supination (wichtigster Muskel bei gebeugtem Ellenbogen)

M. coracobrachialis (Er wird im Normalfall vom N. musculocutaneus durchbohrt.)
N. musculocutaneus (Plexus brachialis, Pars infraclavicularis)

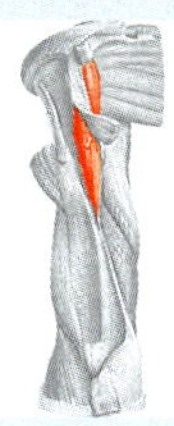

U: Proc. coracoideus

A: medial an der Mitte des Humerus

F: Schultergelenk:
Innenrotation, Adduktion, Anteversion

M. brachialis
N. musculocutaneus (Plexus brachialis, Pars infraclavicularis)

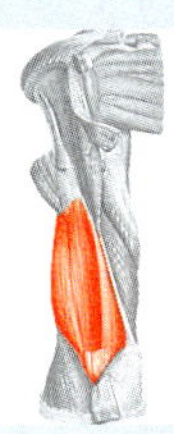

U: Facies anterior des Humerus (untere Hälfte)

A: Tuberositas ulnae

F: Ellenbogengelenk:
Flexion, spannt Gelenkkapsel

30 Dorsale Muskeln des Oberarms (→ Abb. 3.57, → Abb. 3.60, → Abb. 3.61)

Die Muskulatur der Dorsalseite des Oberarms wird von den drei Köpfen des M. triceps brachii gebildet. Der M. anconeus schließt sich ihm am Übergang zum Unterarm nach ulnar hin an und kann als vierter Kopf angesehen werden.

M. triceps brachii
N. radialis (Plexus brachialis, Pars infraclavicularis)

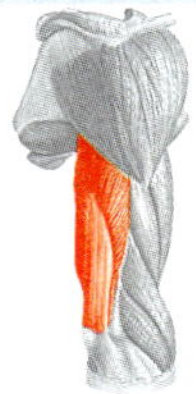	**U: Caput longum:** Tuberculum infraglenoidale **Caput mediale:** Facies posterior des Humerus medial und distal des Sulcus nervi radialis **Caput laterale:** Facies posterior des Humerus lateral und proximal des Sulcus nervi radialis	**A:** Olecranon	**F:** <u>Schultergelenk:</u> **Caput longum:** Adduktion, Retroversion <u>Ellenbogengelenk:</u> Extension (wichtigster Muskel)

M. anconeus (Er liegt dem lateralen Anteil des Caput mediale des M. triceps brachii an.)
N. radialis (Plexus brachialis, Pars infraclavicularis)

	**U:** Epicondylus lateralis humeri	**A:** Facies posterior der Ulna, Olecranon	**F:** <u>Ellenbogengelenk:</u> Extension

31 Ventrale oberflächliche Muskeln des Unterarms (→ Abb. 3.46, → Abb. 3.62–3.65, → Abb. 3.77)

Die oberflächliche Schicht bilden M. pronator teres, M. flexor carpi radialis, M. palmaris longus und M. flexor carpi ulnaris. Der M. flexor digitorum superficialis bildet die mittlere Schicht.

M. pronator teres
N. medianus (Plexus brachialis, Pars infraclavicularis)

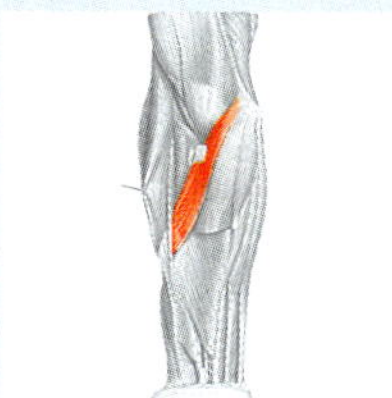

U: Caput humerale: Epicondylus medialis des Humerus
Caput ulnare: Proc. coronoideus

A: mittleres Drittel der Facies lateralis des Radius

F: <u>Ellenbogengelenk:</u>
Pronation (wichtigster Muskel),
Flexion

M. flexor carpi radialis
N. medianus (Plexus brachialis, Pars infraclavicularis)

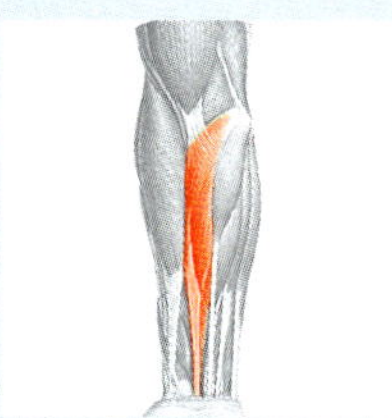

U: Epicondylus medialis des Humerus,
Fascia antebrachii

A: palmare Fläche der Basis des Os metacarpi II

F: <u>Ellenbogengelenk:</u>
Flexion,
Pronation
<u>Handgelenk:</u>
Palmarflexion,
Abduktion nach radial

M. palmaris longus (inkonstanter Muskel)
N. medianus (Plexus brachialis, Pars infraclavicularis)

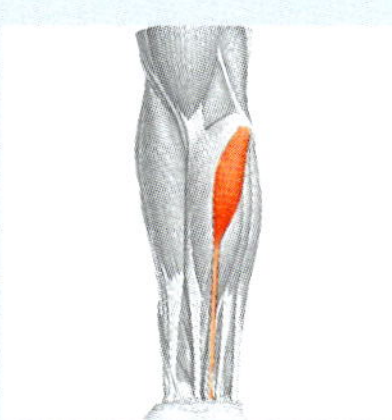

U: Epicondylus medialis des Humerus

A: Aponeurosis palmaris

F: <u>Ellenbogengelenk:</u>
Flexion
<u>Handgelenk:</u>
Palmarflexion,
Spannung der Palmaraponeurose

M. flexor digitorum superficialis (Die Sehnen dieses Muskels werden kurz vor ihrem Ansatz von den Sehnen des M. flexor digitorum profundus durchbohrt.)
N. medianus (Plexus brachialis, Pars infraclavicularis)

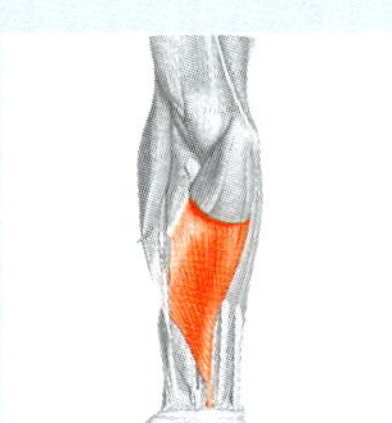

U: Caput humeroulnare:
Epicondylus medialis des Humerus,
Proc. coronoideus
Caput radiale: Facies anterior des Radius

A: mit vier langen Sehnen an der Mittelphalanx des 2.–5. Fingers

F: <u>Ellenbogengelenk:</u>
Flexion
<u>Handgelenk:</u>
Palmarflexion
<u>Fingergelenke (II–V):</u>
Flexion (wichtigster Beuger der Mittelgelenke)

M. flexor carpi ulnaris
N. ulnaris (Plexus brachialis, Pars infraclavicularis)

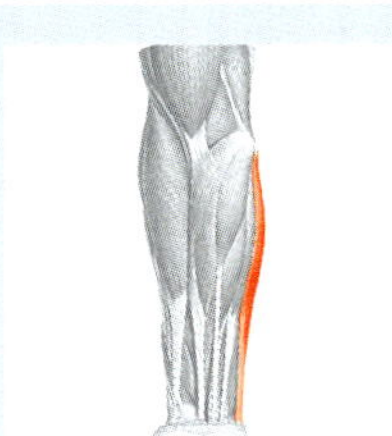

U: Caput humerale: Epicondylus medialis des Humerus
Caput ulnare: Olecranon, proximal am Margo posterior der Ulna

A: über das Os pisiforme und die Ligg. pisometacarpale und pisohamatum an der Basis des Os metacarpi V und des Os hamatum

F: <u>Ellenbogengelenk:</u>
Flexion
<u>Handgelenk:</u>
Palmarflexion,
Abduktion nach ulnar

32 Ventrale tiefe Muskeln des Unterarms
(→ Abb. 3.62, → Abb. 3.64, → Abb. 3.66, → Abb. 3.73, → Abb. 3.74, → Abb. 3.78)

Medial in der tiefen Schicht liegt der M. flexor digitorum profundus, lateral von ihm der M. flexor pollicis longus. Der M. pronator quadratus bedeckt das distale Viertel der Unterarmknochen und stellt somit die tiefste Schicht dar.

M. flexor digitorum profundus
N. ulnaris für den ulnaren Teil, N. interosseus antebrachii anterior aus dem N. medianus für den radialen Teil (Plexus brachialis, Pars infraclavicularis)

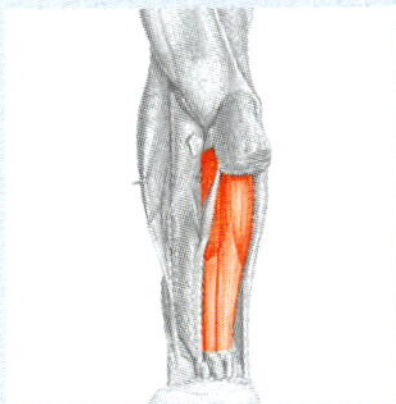

U: Facies anterior der Ulna, Membrana interossea

A: Endphalangen der 2.–5. Finger

F: Handgelenk:
Palmarflexion
Fingergelenke (II–V):
Flexion (wichtigster Beuger der Fingerendgelenke)

M. flexor pollicis longus
N. interosseus antebrachii anterior aus dem N. medianus (Plexus brachialis, Pars infraclavicularis)

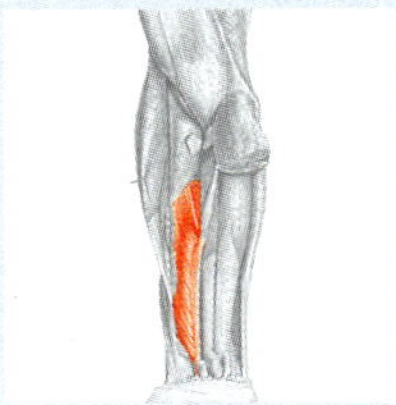

U: Facies anterior des Radius

A: Endphalanx des Daumens

F: Handgelenk:
Palmarflexion
Daumensattelgelenk:
Flexion,
Opposition
Daumengelenke:
Flexion

M. pronator quadratus
N. interosseus antebrachii anterior (N. medianus, Plexus brachialis, Pars infraclavicularis)

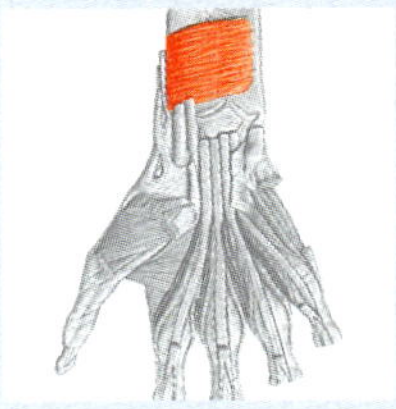

U: distal an Facies anterior der Ulna

A: Facies anterior des Radius

F: radioulnare Gelenke:
Pronation

33 Laterale (radiale) Muskeln des Unterarms (→ Abb. 3.67, → Abb. 3.73, → Abb. 3.74)

Die Gruppe der radialen Muskeln des Unterarms wird von proximal nach distal vom M. brachioradialis, vom M. extensor carpi radialis longus und vom M. extensor carpi radialis brevis gebildet.

M. brachioradialis
N. radialis (Plexus brachialis, Pars infraclavicularis)

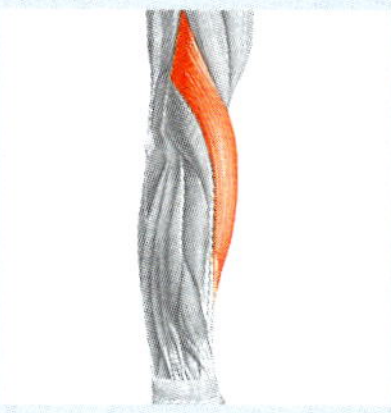

U: Margo lateralis des Humerus

A: proximal des Proc. styloideus des Radius

F: Ellenbogengelenk:
Flexion (wegen des großen virtuellen Hebelarms besonders kräftig aus mittlerer Beugestellung heraus),
Pronation oder Supination (aus den gegensätzlichen Endstellungen heraus)

M. extensor carpi radialis longus
N. radialis (Plexus brachialis, Pars infraclavicularis)

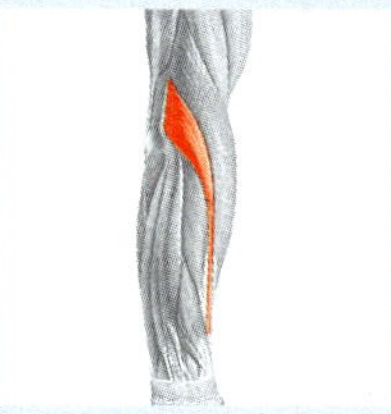

U: Crista supraepicondylaris lateralis bis Epicondylus lateralis

A: dorsal am Os metacarpi II

F: Ellenbogengelenk:
Flexion, geringe
Pronation (aus der gegensätzlichen Endstellung heraus)
Handgelenk:
Dorsalflexion,
Abduktion nach radial

M. extensor carpi radialis brevis
N. radialis (Plexus brachialis, Pars infraclavicularis)

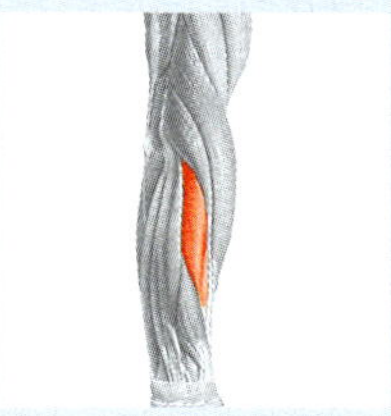

U: Epicondylus lateralis des Humerus

A: dorsal am Os metacarpi III

F: Ellenbogengelenk:
Flexion, geringere
Pronation (aus der gegensätzlichen Endstellung heraus)
Handgelenk:
Dorsalflexion,
Abduktion nach radial

34 Dorsale oberflächliche Muskeln des Unterarms (→ Abb. 3.68a, → Abb. 3.70, → Abb. 3.71, → Abb. 3.75)

Die Gruppe der dorsalen oberflächlichen Muskeln des Unterarms wird von radial nach ulnar hin vom M. extensor digitorum, vom M. extensor digiti minimi und vom M. extensor carpi ulnaris aufgebaut.

M. extensor digitorum *R. profundus des N. radialis (Plexus brachialis, Pars infraclavicularis)*			
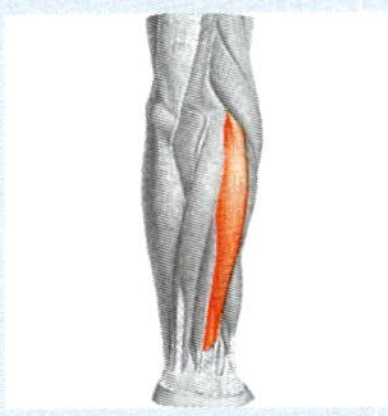	**U:** Epicondylus lateralis des Humerus, Fascia antebrachii	**A:** Dorsalaponeurose des 2.–5. Fingers	**F:** Ellenbogengelenk: Extension Handgelenk: Dorsalflexion Fingergelenke (II–V): Extension (wichtigste Strecker der Grund- und Mittelgelenke)
M. extensor digiti minimi *R. profundus des N. radialis (Plexus brachialis, Pars infraclavicularis)*			
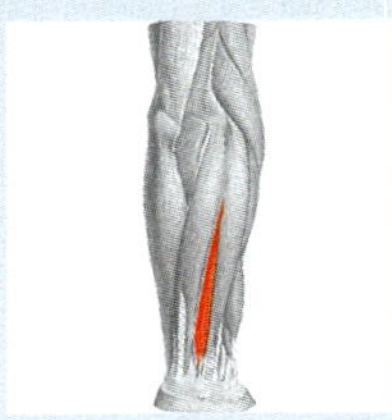	**U:** Epicondylus lateralis des Humerus, Fascia antebrachii	**A:** sog. Dorsalaponeurose des 5. Fingers	**F:** Ellenbogengelenk: Extension Handgelenk: Dorsalflexion Fingergelenke (V): Extension (wichtigster Strecker des Grund- und Mittelgelenks)
M. extensor carpi ulnaris *R. profundus des N. radialis (Plexus brachialis, Pars infraclavicularis)*			
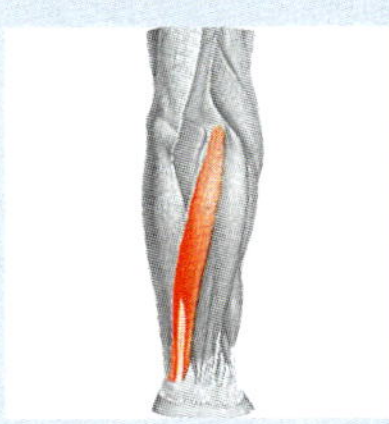	**U: Caput humerale:** Epicondylus lateralis des Humerus **Caput ulnare:** Olecranon, Facies posterior der Ulna, Fascia antebrachii	**A:** dorsal am Os metacarpi V	**F:** Ellenbogengelenk: Extension Handgelenk: Dorsalflexion, Abduktion nach ulnar

35 Dorsale tiefe Muskeln des Unterarms (→ Abb. 3.62, → Abb. 3.68b, c, 3.71–3.75)

Der Radius wird in seinem oberen Drittel vom M. supinator lateral umwickelt. Nach distal schließen sich von radial nach ulnar der M. abductor pollicis longus, der M. extensor pollicis brevis, der M. extensor pollicis longus und der M. extensor indicis an.

M. supinator (Er wird in Längsrichtung des Unterarms vom R. profundus des N. radialis durchbohrt. An der Eintrittsstelle des Nervs in den Supinatortunnel ist ein kleiner Sehnenbogen [FROHSE-FRÄNKEL-Arkade] ausgebildet.)
R. profundus des N. radialis (Plexus brachialis, Pars infraclavicularis)

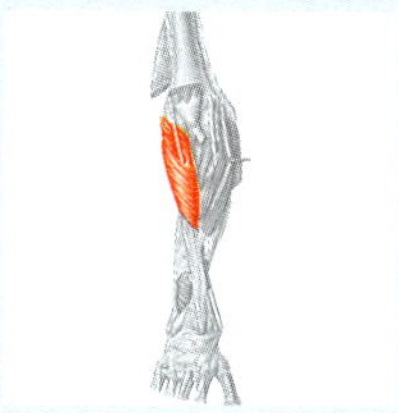

U: Epicondylus lateralis humeri, Crista musculi supinatoris der Ulna, Ligg. collaterale radiale und anulare radii

A: Facies anterior des Radius (proximales Drittel)

F: radioulnare Gelenke: Supination (wichtigster Muskel bei gestrecktem Ellenbogen)

M. abductor pollicis longus
R. profundus des N. radialis (Plexus brachialis, Pars infraclavicularis)

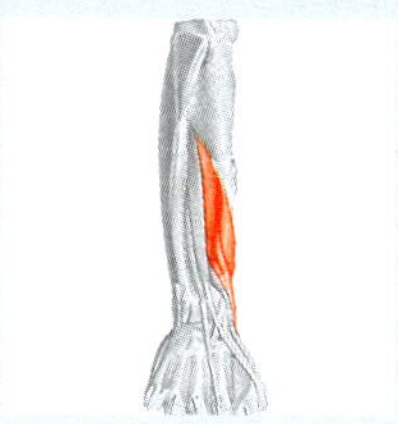

U: Facies posterior von Ulna und Radius, Membrana interossea

A: Basis des Os metacarpi I

F: Handgelenk: Dorsalflexion
Daumensattelgelenk: Abduktion

M. extensor pollicis brevis
R. profundus des N. radialis (Plexus brachialis, Pars infraclavicularis)

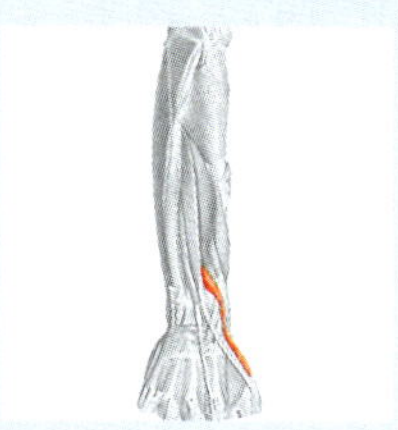

U: Facies posterior von Ulna und Radius, Membrana interossea

A: Grundphalanx des Daumens

F: Handgelenk: Dorsalflexion
Daumensattelgelenk: Abduktion, Reposition
Daumengrundgelenk: Extension

M. extensor pollicis longus
R. profundus des N. radialis (Plexus brachialis, Pars infraclavicularis)

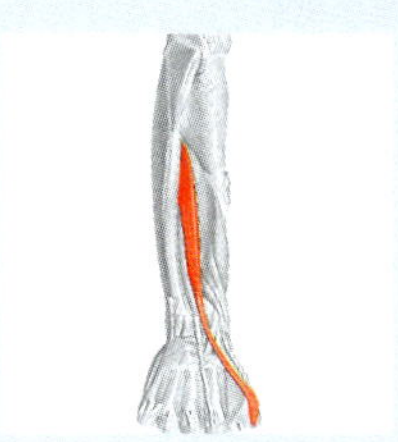

U: distale Hälfte der Facies posterior der Ulna, Membrana interossea

A: Endphalanx des Daumens

F: Handgelenk: Dorsalflexion
Daumensattelgelenk: Extension, Reposition
Daumengelenke: Extension

M. extensor indicis
R. profundus des N. radialis (Plexus brachialis, Pars infraclavicularis)

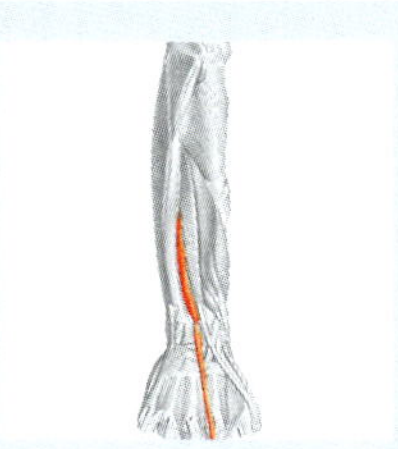

U: distales Viertel der Facies posterior der Ulna, Membrana interossea

A: Dorsalaponeurose des Zeigefingers

F: Handgelenk: Dorsalflexion
Fingergelenke (II): Extension, Adduktion

36 Muskeln des Daumenballens (Thenar) (→ Abb. 3.77, → Abb. 3.78, → Abb. 3.81)

Der Thenar wird von radial nach ulnar vom M. abductor pollicis brevis, vom M. flexor pollicis brevis und vom M. adductor pollicis aufgebaut. Der M. opponens pollicis liegt unter dem M. abductor pollicis brevis.

M. abductor pollicis brevis
N. medianus (Plexus brachialis, Pars infraclavicularis)

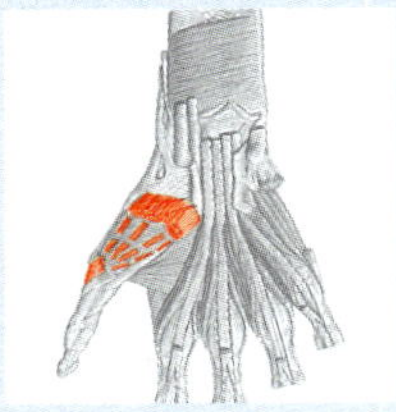

U: Retinaculum musculorum flexorum, Eminentia carpi radialis

A: radiales Sesambein des Daumengrundgelenks, Grundphalanx des Daumens

F: Daumensattelgelenk: Abduktion, Opposition
Daumengrundgelenk: Flexion

M. flexor pollicis brevis
Caput superficiale: *N. medianus;* Caput profundum: *R. profundus des N. ulnaris (Plexus brachialis, Pars infraclavicularis)*

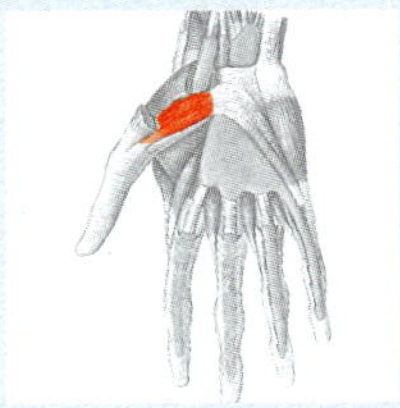

U: Caput superficiale: Retinaculum musculorum flexorum
Caput profundum: Os capitatum, Os trapezium

A: radiales Sesambein des Daumengrundgelenks, Grundphalanx des Daumens

F: Daumensattelgelenk: Opposition, Adduktion
Daumengrundgelenk: Flexion

M. opponens pollicis
N. medianus und N. ulnaris (Plexus brachialis, Pars infraclavicularis)

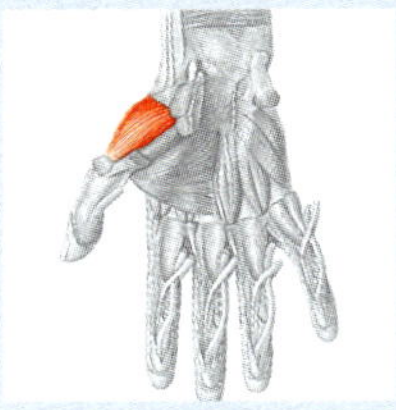

U: Retinaculum musculorum flexorum, Eminentia carpi radialis

A: Os metacarpi I

F: Daumensattelgelenk: Opposition

M. adductor pollicis
R. profundus des N. ulnaris (Plexus brachialis, Pars infraclavicularis)

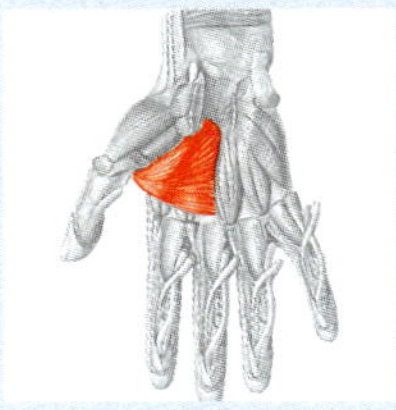

U: Caput obliquum: Os hamatum, Ossa metacarpi II–IV
Caput transversum: Os metacarpi III

A: ulnares Sesambein des Daumengrundgelenks, Grundphalanx des Daumens

F: Daumensattelgelenk: Adduktion, Opposition
Daumengrundgelenk: Flexion

37 Muskeln der Hohlhand (→ Abb. 3.75, → Abb. 3.77, → Abb. 3.78, → Abb. 3.81–3.83, → Abb. 3.85)

Die Mm. lumbricales entspringen gemeinsam von den Sehnen des M. flexor digitorum profundus. Die Mm. interossei palmares und die Mm. interossei dorsales füllen die Räume zwischen den Ossa metacarpi.

Mm. lumbricales I–IV
N. medianus (I, II); *N. ulnaris* (III, IV) *(Plexus brachialis, Pars infraclavicularis)*

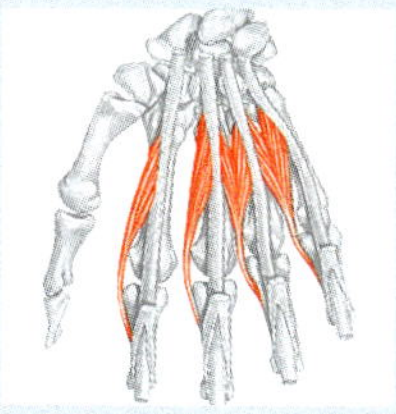	**U:** Sehnen II–IV des M. flexor digitorum profundus (I + II von radial; III + IV von einander zugewandten Seiten, zweiköpfig)	**A:** von radial her in die Dorsalaponeurose (lateraler Trakt) der Finger II–V	**F:** Fingergrundgelenke (II–V): Flexion Fingergelenke (II–V): Extension (wichtigste Strecker der Fingerendgelenke)

Mm. interossei palmares I–III
R. profundus, N. ulnaris (Plexus brachialis, Pars infraclavicularis)

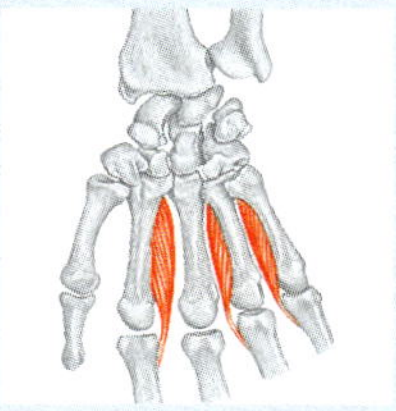	**U:** ulnare Seite des Os metacarpi II, radiale Seite der Ossa metacarpi IV und V	**A:** Grundphalanx und Dorsalaponeurose (lateraler Trakt) der Finger II, IV und V	**F:** Fingergrundgelenke (II, IV, V): Flexion (wichtigste Beuger!), Adduktion (bezogen auf die Achse des Mittelfingers) Fingergelenke (II, IV, V): Extension

Mm. interossei dorsales I–IV (zweiköpfig)
R. profundus , N. ulnaris (Plexus brachialis, Pars infraclavicularis)

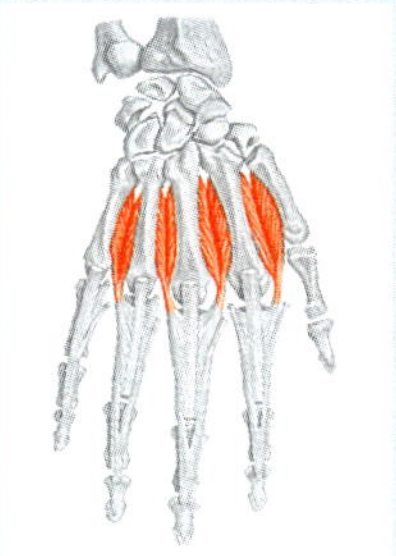	**U:** einander zugewandte Seiten der Ossa metacarpi I–V	**A:** Grundphalanx und Dorsalaponeurose der Finger II–IV	**F:** Fingergrundgelenke (II–IV): Flexion (wichtigste Beuger!), Abduktion Fingergelenke (II–IV): Extension

38 Muskeln des Kleinfingerballens (Hypothenar) (→ Abb. 3.77, → Abb. 3.78, → Abb. 3.81)

Von ulnar nach radial wird der Hypothenar vom M. abductor digiti minimi, vom M. flexor digiti minimi brevis und vom M. opponens digiti minimi gebildet. Als Hautmuskel gehört der M. palmaris brevis dazu.

M. palmaris brevis *R. superficialis des N. ulnaris (Plexus brachialis, Pars infraclavicularis)*			
	U: Aponeurosis palmaris	**A:** Haut des Hypothenars	**F:** spannt die Haut im Bereich des Hypothenars
M. abductor digiti minimi *R. profundus des N. ulnaris (Plexus brachialis, Pars infraclavicularis)*			
	U: Os pisiforme, Retinaculum musculorum flexorum	**A:** Grundphalanx	**F:** Karpometakarpalgelenk (V): Opposition Fingergrundgelenk (V): Abduktion
M. flexor digiti minimi brevis *R. profundus des N. ulnaris (Plexus brachialis, Pars infraclavicularis)*			
	U: Retinaculum musculorum flexorum, Hamulus ossis hamati	**A:** Grundphalanx des 5. Fingers	**F:** Karpometakarpalgelenk (V): Opposition Fingergrundgelenk (V): Flexion
M. opponens digiti minimi *R. profundus des N. ulnaris (Plexus brachialis, Pars infraclavicularis)*			
	U: Retinaculum musculorum flexorum, Hamulus ossis hamati	**A:** Os metacarpi V	**F:** Karpometakarpalgelenk (V): Opposition

39 Gelenke der unteren Gliedmaße, Articulationes membri inferioris (→ Abb. 4.3)

a Verbindungen der Knochen des Beckengürtels, Juncturae cinguli pelvici

Bezeichnung	Art	Bewegungsmöglichkeiten
Kreuzbein-Darmbein-Gelenk Articulatio sacroiliaca	straffes Gelenk, Amphiarthrosis	
Ligg. sacroiliaca anteriora Ligg. sacroiliaca posteriora Ligg. sacroiliaca interossea Lig. sacrotuberale Lig. sacrospinale		Verschieblichkeit und Rotation um wenige Millimeter im Zusammenhang mit der Verformung des Beckens als Ganzheit bei vielfältigen Belastungen
Schambeinfuge, Symphysis pubica	Knorpelhaft, Synchondrosis mit Discus interpubicus	
Lig. pubicum superius Lig. pubicum inferius		

b Gelenke der freien unteren Gliedmaße, Articulationes membri inferioris liberi

Gelenkname	Gelenkart	Bewegungsmöglichkeiten
Hüftgelenk, Articulatio coxae	Kugelgelenk, Articulatio spheroidea	Beugung, Flexion (Anteversion) Streckung, Extension (Retroversion) Beiziehen (Anziehen), Adduktion Abspreizen (Abziehen), Abduktion Innendrehung, Innenrotation Außendrehung, Außenrotation
Kniegelenk, Articulatio genus	Drehwinkelgelenk (Drehscharniergelenk), „Trochoginglymus"	Beugung, Flexion Streckung, Extension Innendrehung (nur in Beugestellung möglich) Außendrehung (nur in Beugestellung möglich)
Oberes Schienbein-Wadenbein-Gelenk, Articulatio tibiofibularis	straffes Gelenk, Amphiarthrosis	geringe Verschieblichkeit in transversaler und vertikaler Richtung sowie geringe Rotation möglich
Untere Schienbein-Wadenbein-Verbindung, Syndesmosis tibiofibularis	Syndesmose	Verklammerung der Malleolengabel; bei Dorsalextension im oberen Sprunggelenk weicht Malleolengabel etwas auseinander
Oberes Sprunggelenk (OSG), Articulatio talocruralis	Scharniergelenk, Ginglymus	Beugung (Senken des Fußrückens), Plantarflexion Streckung (Heben des Fußrückens), Dorsalflexion
Unteres Sprunggelenk (USG), Articulatio talotarsalis a) Articulatio talocalcaneonavicularis (= vordere Abteilung) b) Articulatio subtalaris (= hintere Abteilung)	atypisches Radgelenk Kugelgelenk Zapfengelenk	Rückfußdrehung nach medial (= Inversion) Rückfußdrehung nach lateral (= Eversion) zusammen mit CHOPART- und LISFRANC-Gelenk Heben des medialen Fußrands (= Supination) Heben des lateralen Fußrands (= Pronation)
Queres Fußwurzelgelenk, Articulatio tarsi transversa (Gelenklinie nach CHOPART) a) Articulatio talocalcaneonavicularis b) Articulatio calcaneocuboidea	straffes Gelenk, Amphiarthrosis	Verdrehung des Vorfußes (Vorfußverwringung) geringe Plantar- und Dorsalbewegungen, Sicherung des Längsgewölbes (Schlüsselgelenk des Plattfußes)
Fußwurzelgelenke a) Articulatio cuneonavicularis b) Articulationes intercuneiformes c) Articulatio cuneocuboidea	straffe Gelenke, Amphiarthroses	sehr geringe Bewegungen bei der Verformung des Fußes zu seiner Anpassung an den Boden, z. B. beim Gehen
Fußwurzel-Mittelfuß-Gelenke, Articulationes tarsometatarsales (Gelenklinie nach LISFRANC)	straffe Gelenke, Amphiarthroses	Verdrehung des Vorfußes (Vorfußverwringung) sehr geringe Plantar- und Dorsalbewegungen
Zwischen-Mittelfuß-Gelenke, Articulationes intermetatarsales	straffe Gelenke, Amphiarthroses	sehr geringe Mitbewegungen bei Verdrehung des Vorfußes
Zehengrundgelenke, Articulationes metatarsophalangeae	funktionell eingeschränkte Kugelgelenke	Beugung, Flexion; Streckung, Extension Spreizen, Abduktion; Schließen, Adduktion
Zehengelenke, Articulationes interphalangeae pedis	Scharniergelenke, Ginglymi	Beugung, Flexion Streckung, Extension der Zehen

39 Gelenke der unteren Gliedmaße, Articulationes membri inferioris (Fortsetzung)

c Bewegungsebenen und Achsen der Gelenke des Beins

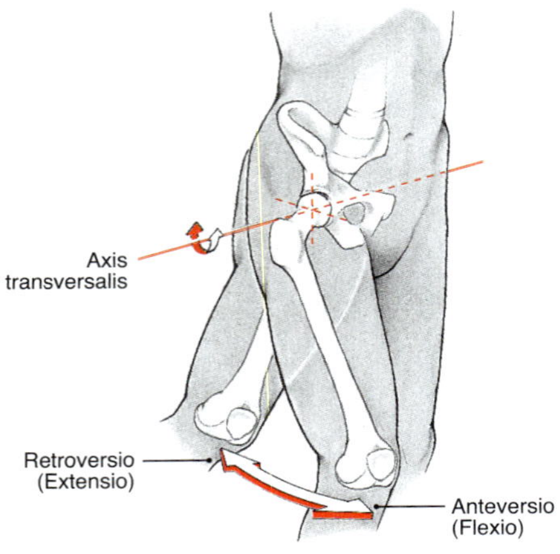

Abb. 8 Hüftgelenk;
Bewegung in der Sagittalebene.

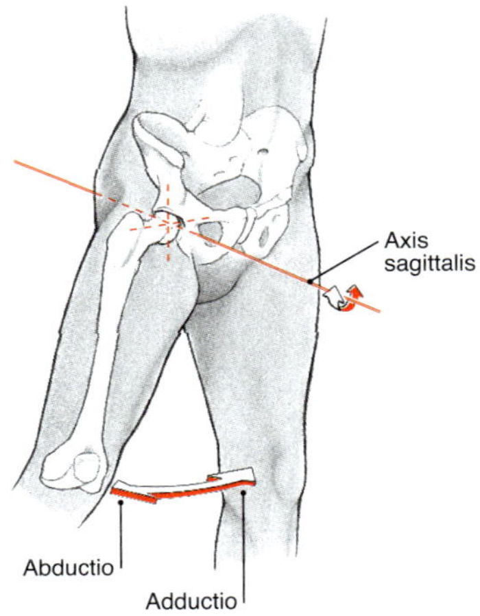

Abb. 9 Hüftgelenk;
Bewegung in der Frontalebene.

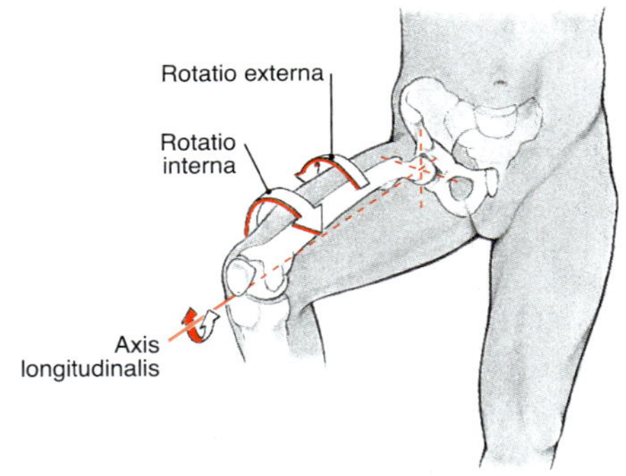

Abb. 10 Hüftgelenk;
Bewegung in der Transversalebene.

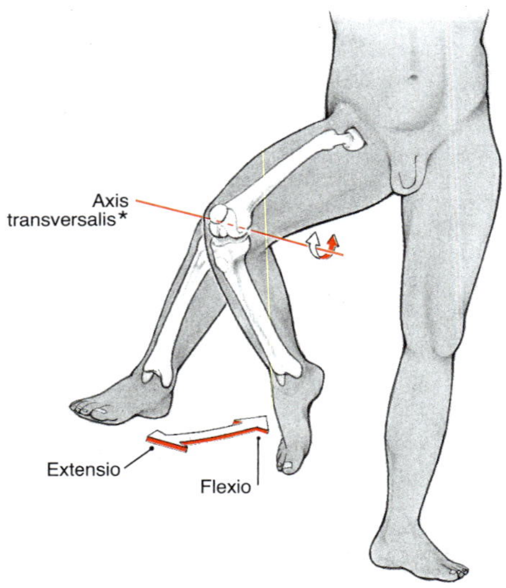

Abb. 11 Kniegelenk;
Bewegung in der Sagittalebene.
* Aufgrund der ungleichförmigen Krümmung der Femurkondylen verändert sich besonders die Lage dieser Achse im Bewegungsablauf (instantane Achse).

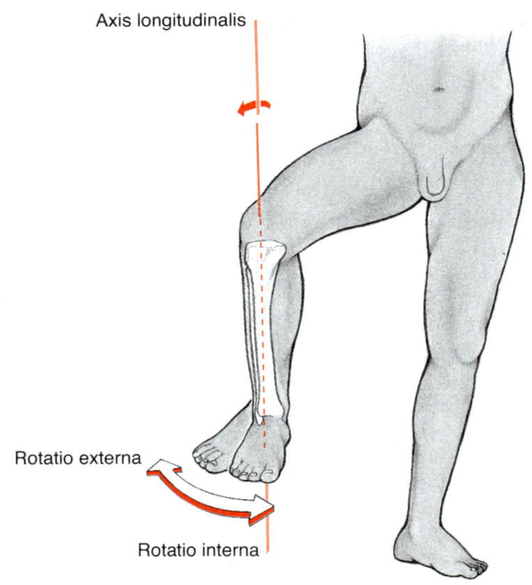

Abb. 12 Kniegelenk;
Bewegung in der Transversalebene.

39 Gelenke der unteren Gliedmaße, Articulationes membri inferioris (Fortsetzung)

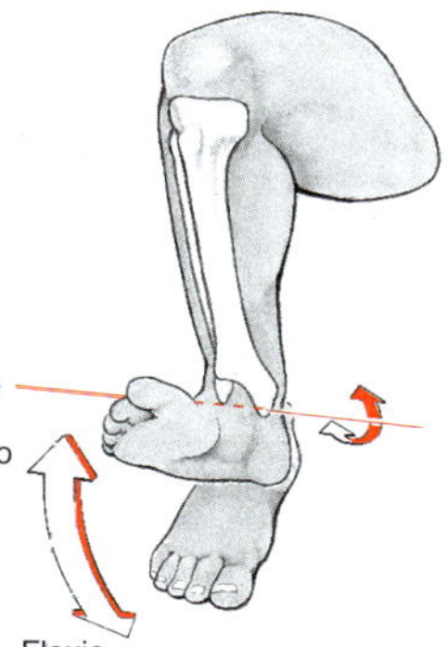

Abb. 13 Oberes Sprunggelenk (OSG);
Bewegung in der Sagittalebene.
Beuge- und Streckbewegungen finden vornehmlich im oberen Sprunggelenk statt.

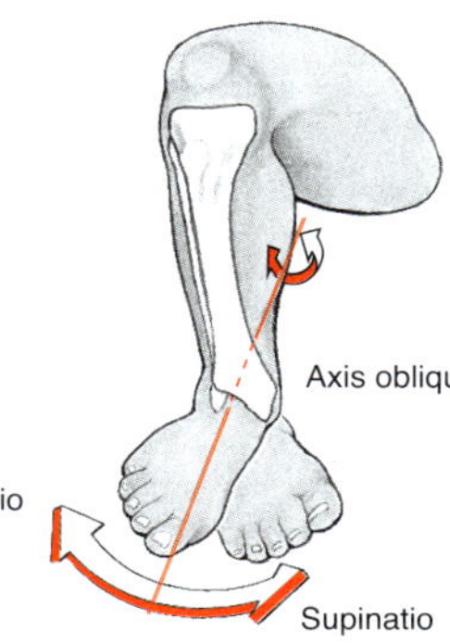

Abb. 14 Unteres Sprunggelenk (USG);
Umwendebewegung des Fußes.
Von der Endstellung der Plantarflexion aus wird die Pronation im unteren Sprunggelenk auch als Abduktion nach lateral, die Supination als Abduktion nach medial bezeichnet.
* Diese Achse verläuft von der Innenseite des Talushalses nach hinten unten zum Proc. lateralis des Tuber calcanei etwas steiler als hier aus didaktischen Gründen dargestellt.

Am oberen Sprunggelenk wird die Plantarflexion auch als Flexion, die Dorsalflexion als Extension bezeichnet.

40 Äste und Versorgungsgebiete des Plexus lumbosacralis
(→ Abb. 2.157, → Abb. 4.123, → Abb. 4.124a, → Abb. 4.125–4.130, → Abb. 4.134, → Abb. 4.135, → Abb. 7.4)

	motorisch	sensibel
Plexus lumbalis T12–L4		
Rr. musculares T12–L4	M. iliopsoas, M. quadratus lumborum	
N. iliohypogastricus [N. iliopubicus] [T12], L1 R. cutaneus lateralis R. cutaneus anterior	Mm. rectus abdominis, obliquus internus abdominis, transversus abdominis, pyramidalis, cremaster	Haut über der Hüfte Haut oberhalb des Beckenkamms, des Lig. inguinale und des Mons pubis
N. ilioinguinalis [T12], L1 Nn. scrotales anteriores/ Nn. labiales anteriores	Mm. rectus abdominis, obliquus internus abdominis, transversus abdominis, pyramidalis, cremaster	Haut der Leistenregion, der Peniswurzel und des Scrotums bzw. der Labia majora
N. genitofemoralis L1, L2 R. genitalis R. femoralis		Hodenhüllen (einschließlich der Tunica dartos) Haut über dem Hiatus saphenus
N. cutaneus femoris lateralis L2, L3		Haut auf der lateralen und vorderen Seite des Oberschenkels bis zum Knie
N. obturatorius L2–L4 R. anterior R. cutaneus R. posterior Rr. musculares	M. obturatorius externus, M. pectineus, M. adductor longus, M. adductor brevis, M. adductor magnus, M. gracilis	Kapsel des Hüftgelenks Haut auf der Innenseite des Oberschenkels oberhalb des Knies Kapsel des Hüftgelenks, Periost der Rückseite des Femurs
N. femoralis L2–L4 Rr. musculares Rr. cutanei anteriores N. saphenus R. infrapatellaris Rr. cutanei cruris mediales	Mm. iliopsoas, pectineus, sartorius, quadriceps femoris	Kapsel des Hüftgelenks Haut auf der Vorder- und Innenseite des Oberschenkels bis zum Knie, Periost der Vorderseite des Femurs Haut auf der medialen und vorderen Seite des Knies sowie auf der medialen Seite des Unterschenkels und des Fußes
Plexus sacralis L4–S5, Co1		
N. m. obturatorii interni L5–S2	M. obturatorius internus, M. gemellus superior	
N. m. piriformis S1, S2	M. piriformis	
N. m. quadrati femoris L4–S1	M. quadratus femoris, M. gemellus inferior	
N. gluteus superior L4–S1	Mm. glutei medius und minimus, M. tensor fasciae latae	
N. gluteus inferior L5–S2	M. gluteus maximus	
N. cutaneus femoris posterior S1–S3 Nn. clunium inferiores Nn. perineales		Haut auf der Rückseite des Ober- und proximalen Unterschenkels Haut über dem Gesäß Damm, Skrotalhaut bzw. Haut der Labia majora
N. ischiadicus L4–S3	ischiokrurale Muskeln, alle Muskeln des Unterschenkels und des Fußes	
N. fibularis communis L4–S2 N. cutaneus surae lateralis R. communicans fibularis	M. biceps femoris, Caput breve	Kapsel des Kniegelenks Haut der Wade bis zum lateralen Knöchel Verbindungsast zum N. suralis

40 Äste und Versorgungsgebiete des Plexus lumbosacralis (Fortsetzung)

	motorisch	sensibel
N. fibularis superficialis L4–S2		
Rr. musculares	Mm. fibulares [peronei] longus und brevis	
N. cutaneus dorsalis medialis		Haut des Unterschenkels und des Fußrückens bis zu 1.–3. Zehe
N. cutaneus dorsalis intermedius		Haut des Unterschenkels und des Fußrückens zwischen 3.–5. Zehe (Medialseite)
Nn. digitales dorsales pedis		Haut der Zehenrücken mit Ausnahme des 1. Interdigitalraums und der Außenseite der 5. Zehe
N. fibularis profundus L4–S2		
Rr. musculares	Mm. tibialis anterior, extensor digitorum longus, extensor hallucis longus, extensor digitorum brevis und extensor hallucis brevis	Periost der Unterschenkelknochen und Kapsel des oberen Sprunggelenks
Nn. digitales dorsales pedis		Haut des 1. Interdigitalraums
N. tibialis L4–S3		
Rr. musculares	Mm. triceps surae, plantaris, popliteus, tibialis posterior, flexor digitorum longus, flexor hallucis longus	Kapsel des Kniegelenks
N. interosseus cruris		Periost der Unterschenkelknochen und Kapsel des oberen Sprunggelenks
N. cutaneus surae medialis		Haut der Wade bis zum medialen Knöchel vereinigt sich mit dem N. cutaneus surae lateralis zum N. suralis
N. suralis		
N. cutaneus dorsalis lateralis		Haut des lateralen Fußrands bis zum Seitenrand der kleinen Zehe
Rr. calcanei laterales		Haut der Ferse lateral
Rr. calcanei mediales		Haut der Ferse medial
N. plantaris medialis	Mm. abductor hallucis und flexor digitorum brevis, flexor hallucis brevis (medialer Kopf), lumbricales pedis I (II)	Haut der medialen Fußsohle
Nn. digitales plantares communes		Haut auf der Plantarseite der medialen 3½ Zehen und ihres Nagelbereichs
Nn. digitales plantares proprii		
N. plantaris lateralis	Mm. abductor digiti minimi, quadratus plantae	Haut auf der Plantarseite der lateralen 1½ Zehen und ihres Nagelbereichs
R. superficialis	Mm. flexor digiti minimi brevis, opponens digiti minimi, interossei	
Nn. digitales plantares communes		
Nn. digitales plantares proprii	Mm. lumbricales pedis II–IV, adductor hallucis (Caput transversum)	
R. profundus		
N. cutaneus perforans S2–S3		durchbohrt Lig. sacrotuberale und innerviert die Haut über diesem
N. pudendus S2–S4		
Nn. rectales [anales] inferiores S3, S4		Haut der Analregion und des Damms
Nn. perineales		
Nn. scrotales posteriores/ Nn. labiales posteriores		Schleimhaut der Urethra, dorsale Skrotalhaut bzw. hintere Bereiche der Labia majora und minora, Vestibulum vaginae
Rr. musculares	Mm. transversi perinei superficialis und profundus, bulbospongiosus und ischiocavernosus, sphincter ani externus	
N. dorsalis penis/ N. dorsalis clitoridis		Haut von Penis, Glans/Clitoris, Preputium
Rr. musculares S3, S4	M. levator ani, M. ischiococcygeus	
N. anococcygeus S5–Co1		Haut über dem Steißbein sowie zwischen Steißbein und Anus

41 Segmentale Innervation der Muskeln des Beins, diagnostisch wichtige Kennmuskeln

Die fettgedruckten Muskeln werden klinisch als Kennmuskeln für das jeweilige Segment verwendet.

M. iliopsoas: L1, L2	T12–L3
M. tensor fasciae latae	L4–L5
M. gluteus medius	L4–S1
M. gluteus minimus	L4–S1
M. gluteus maximus	L4–S2
M. obturatorius internus	L5–S1
M. piriformis	L5–S1
M. sartorius	L2–L3
M. pectineus	L2–L3
M. adductor longus	L2–L3
M. quadriceps femoris: L3	L2–L4
M. gracilis	L2–L4
M. adductor brevis	L2–L4
M. obturatorius externus	L3–L4
M. adductor magnus	L3–L4
M. semitendinosus	L4–S1
M. semimembranosus	L4–S1
M. biceps femoris	L4–S2

M. tibialis anterior: L4	L4–L5
M. extensor hallucis longus: L5	L4–S1
M. popliteus	L4–S1
M. extensor digitorum longus: L5	L4–S1
M. soleus } **S1**	L4–S2
M. gastrocnemius } **S1**	
M. fibularis longus	L5–S1
M. fibularis brevis	L5–S1
M. tibialis posterior: S1	L5–S2
M. flexor digitorum longus	L5–S3
M. flexor hallucis longus	L5–S3
M. extensor hallucis brevis	L4–S1
M. extensor digitorum brevis	L4–S1
M. flexor digitorum brevis	L5–S1
M. abductor hallucis	L5–S1
M. flexor hallucis brevis	L5–S3
M. adductor hallucis	S1–S2

42 Ventrale Muskeln der Hüfte (→ Abb. 2.93, → Abb. 2.96, → Abb. 4.92, → Abb. 4.95, → Abb. 4.96a, → Abb. 4.97–4.99)

Zu dieser Gruppe wird hier nur der aus M. iliacus und M. psoas major bestehende M. iliopsoas gezählt, da er in Bezug auf das Beinskelett als einziger ventraler Muskel nur über das Hüftgelenk hinwegzieht. Die anderen vor dem Hüftgelenk liegenden Muskeln überspannen auch das Kniegelenk und werden daher als Oberschenkelmuskeln zusammengefasst.

M. iliacus (Teil des M. iliopsoas)
Rr. musculares (Plexus lumbalis)

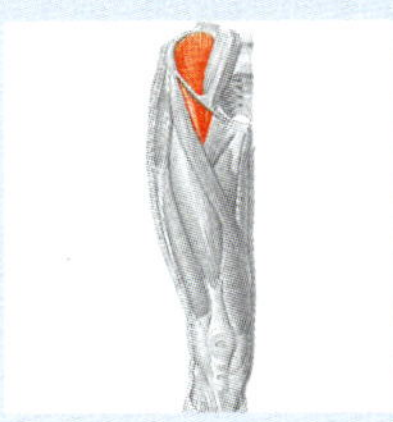

U: Fossa iliaca

A: Trochanter minor

F: Lendenwirbelsäule:
Lateralflexion
Hüftgelenk:
Flexion (wichtigster Muskel), Außenrotation aus Innenrotationsstellung

M. psoas major (Teil des M. iliopsoas)
Rr. musculares (Plexus lumbalis)

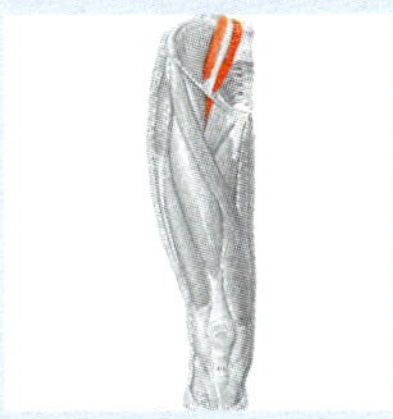

U: oberflächliche Schicht: Seitenfläche des Körpers des 12. Brust- bis 4. Lendenwirbels,
Disci intervertebrales
tiefe Schicht: Proc. costalis des 1.–4. Lendenwirbels

A: Trochanter minor und angrenzender Bereich des Labium mediale der Linea aspera

F: Lendenwirbelsäule:
Lateralflexion
Hüftgelenk:
Flexion (wichtigster Muskel), Außenrotation aus Innenrotationsstellung

M. psoas minor (Teil des M. iliopsoas; inkonstant; läuft oft in eine lange platte Sehne aus)
Rr. musculares (Plexus lumbalis)

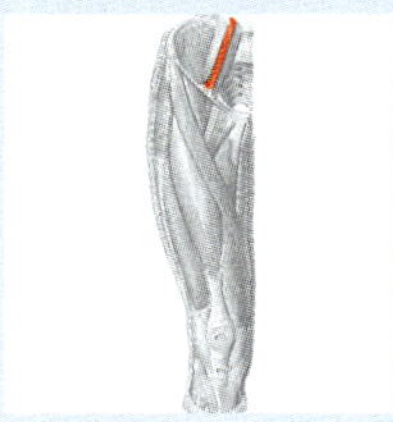

U: Seitenfläche des Körpers des 12. Brust- und 1. Lendenwirbels

A: Faszie des M. iliopsoas, Arcus iliopectineus

F: Lendenwirbelsäule:
Lateralflexion

43 Dorsolaterale Muskeln der Hüfte (→ Abb. 4.93, → Abb. 4.95, → Abb. 4.96b, → Abb. 4.101, → Abb. 4.103–4.105)

Der M. gluteus maximus prägt maßgeblich das Relief der Gesäßregion und überdeckt fast vollständig die übrigen Muskeln dieser Gruppe. Nach ventral kranial schaut der M. gluteus medius heraus, der seinerseits den M. gluteus minimus bedeckt. Nach kaudal folgen in der Tiefe der M. piriformis, der M. gemellus superior, der M. obturatorius internus, der M. gemellus inferior, der M. quadratus femoris und der M. obturatorius externus. M. obturatorius internus, M. gemellus superior und M. gemellus inferior werden zusammen auch als M. triceps coxae bezeichnet. Am weitesten lateral liegt mit seinem kurzen Muskelbauch der M. tensor fasciae latae, der in den Tractus iliotibialis übergeht.

M. gluteus maximus
N. gluteus inferior (Plexus sacralis)

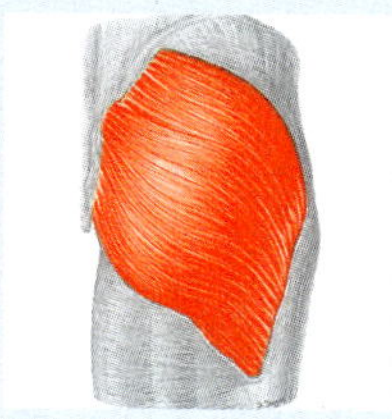

U: Facies glutea des Os ilium dorsal der Linea glutea posterior, Facies posterior des Os sacrum, Fascia thoracolumbalis, Lig. sacrotuberale

A: kranialer Anteil: Tractus iliotibialis
kaudaler Anteil: Tuberositas glutea

F: Hüftgelenk: Extension (wichtigster Muskel), Außenrotation (wichtigster Muskel), kranialer Teil: Abduktion, kaudaler Teil: Adduktion
Kniegelenk: Stabilisierung in der Streckstellung, Zuggurtung des Femurs

M. gluteus medius
N. gluteus superior (Plexus sacralis)

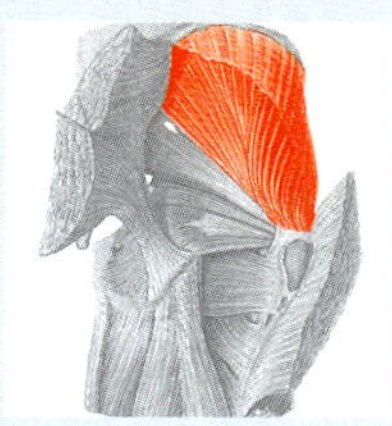

U: Facies glutea des Os ilium zwischen den Lineae gluteae anterior und posterior

A: Spitze des Trochanter major

F: Hüftgelenk: Abduktion (wichtigster Muskel) ventraler Anteil: Flexion, Innenrotation (wichtigster Muskel); dorsaler Anteil: Extension, Außenrotation

M. gluteus minimus
N. gluteus superior (Plexus sacralis)

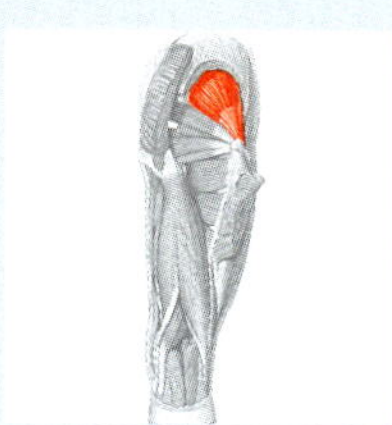

U: Facies glutea des Os ilium zwischen den Lineae gluteae anterior und inferior

A: Spitze des Trochanter major

F: Hüftgelenk: Abduktion ventraler Anteil: Flexion, Innenrotation; dorsaler Anteil: Extension, Außenrotation

M. tensor fasciae latae
N. gluteus superior (Plexus lumbosacralis)

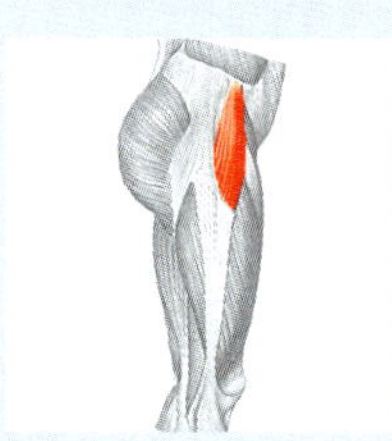

U: Spina iliaca anterior superior

A: über Tractus iliotibialis, Tibia unterhalb des Condylus lateralis

F: Hüftgelenk: Flexion, Abduktion, Innenrotation
Kniegelenk: Stabilisierung in der Streckstellung, Zuggurtung des Femurs

44 Pelvitrochantäre Muskeln der Hüfte (→ Abb. 4.95, → Abb. 4.101, → Abb. 4.103b–4.105)

M. piriformis *(Rr. musculares) Plexus sacralis*			
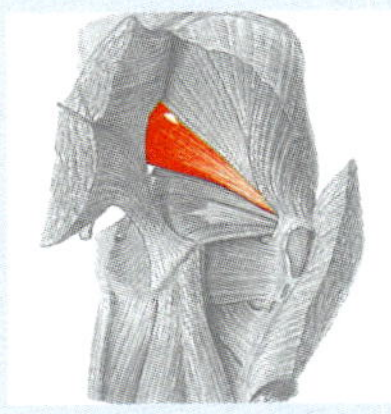	**U:** Facies pelvica des Os sacrum	**A:** Spitze des Trochanter major	**F:** Hüftgelenk: Außenrotation, Abduktion
M. obturatorius internus *(Rr. musculares) Plexus sacralis*			
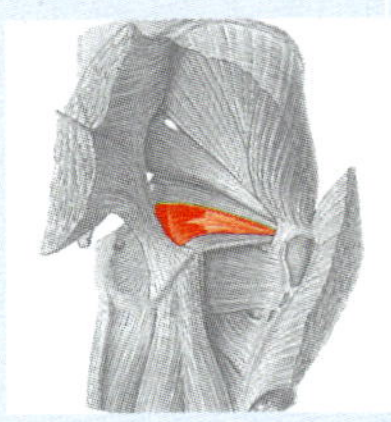	**U:** knöcherner Rand des Foramen obturatum, mediale Fläche der Membrana obturatoria	**A:** Spitze des Trochanter major	**F:** Hüftgelenk: Außenrotation
M. gemellus superior *(Rr. musculares) Plexus sacralis*			
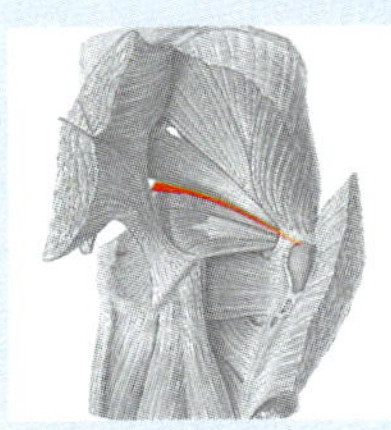	**U:** Spina ischiadica	**A:** Sehne des M. obturatorius internus	**F:** Hüftgelenk: Außenrotation
M. gemellus inferior *(Rr. musculares) Plexus sacralis*			
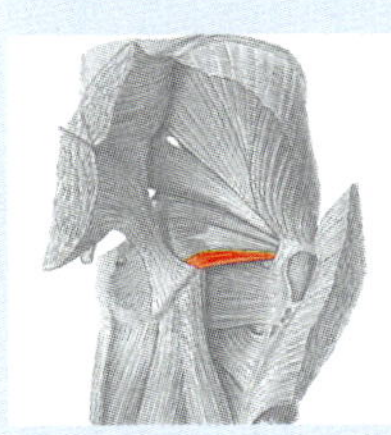	**U:** Tuber ischiadicum	**A:** Sehne des M. obturatorius internus	**F:** Hüftgelenk: Außenrotation
M. quadratus femoris *(Rr. musculares) Plexus sacralis*			
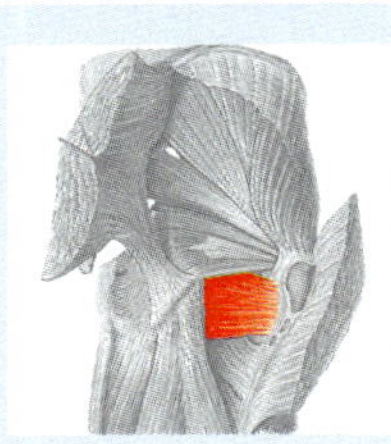	**U:** Tuber ischiadicum	**A:** Crista intertrochanterica	**F:** Hüftgelenk: Außenrotation, Adduktion

44 Pelvitrochantäre Muskeln der Hüfte (Fortsetzung)

M. obturatorius externus
N. obturatorius (Plexus lumbalis)

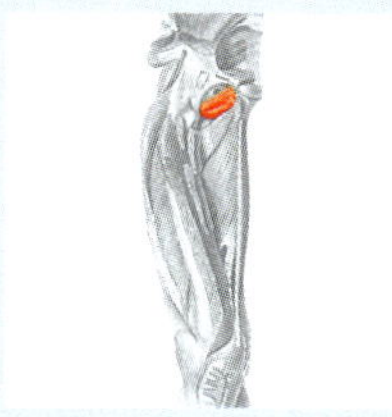	**U:** knöcherner Rand des Foramen obturatum, laterale Fläche der Membrana obturatoria	**A:** Fossa trochanterica	**F:** Hüftgelenk: Außenrotation, Adduktion

45 Ventrale Muskeln des Oberschenkels
(→ Abb. 4.92, → Abb. 4.95, → Abb. 4.96b, c, → Abb. 4.97–4.100, → Abb. 4.106a, b)

Von proximal lateral zieht der M. sartorius schräg über den Oberschenkel nach distal medial. Den größten Anteil der vorderen Muskelmasse des Oberschenkels macht der M. quadriceps femoris aus.

M. quadriceps femoris
N. femoralis (Plexus lumbalis)

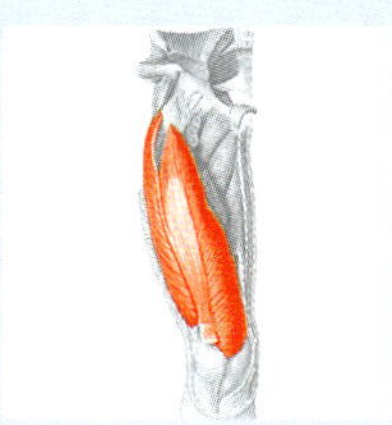	**U: M. rectus femoris:** Spina iliaca anterior inferior, kranialer Rand des Acetabulums **M. vastus medialis:** Labium mediale der Linea aspera **M. vastus lateralis:** Trochanter major, Labium laterale der Linea aspera **M. vastus intermedius:** Facies anterior des Femurs	**A:** Patella, Tuberositas tibiae über Lig. patellae, Bereiche seitlich der Tuberositas tibiae über Retinacula patellae	**F:** Hüftgelenk (nur M. rectus femoris): Flexion Kniegelenk: Extension (einziger Strecker!)

M. sartorius
N. femoralis (Plexus lumbalis)

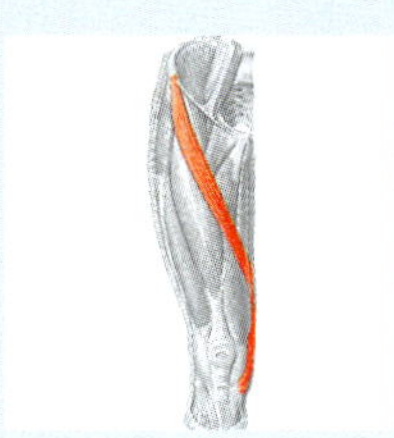	**U:** Spina iliaca anterior superior	**A:** oberflächlich am Condylus medialis der Tibia („Pes anserinus superficialis")	**F:** Hüftgelenk: Flexion, Außenrotation, Abduktion Kniegelenk: Flexion, Innenrotation

46 Mediale Muskeln des Oberschenkels (Adduktoren)

(→ Abb. 4.92, → Abb. 4.95, → Abb. 4.96d–4.100, → Abb. 4.103b–4.106b)

Am weitesten medial liegt der M. gracilis. Von proximal nach distal sind M. pectineus, M. adductor brevis, M. adductor longus und M. adductor magnus angeordnet.

M. pectineus
N. femoralis und N. obturatorius (Plexus lumbalis)

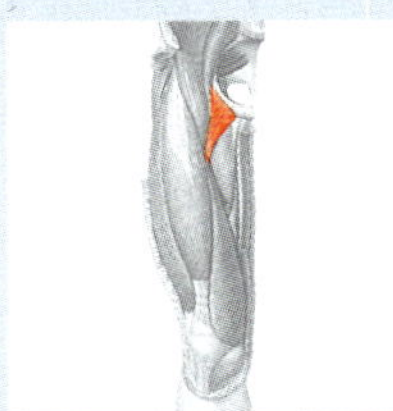	**U:** Pecten ossis pubis	**A:** Trochanter minor und Linea pectinea des Femurs	**F:** Hüftgelenk: Adduktion, Flexion, Außenrotation

M. gracilis
N. obturatorius (Plexus lumbalis)

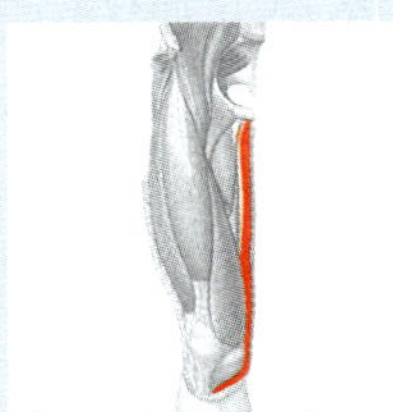	**U:** Corpus ossis pubis, Ramus inferior ossis pubis	**A:** oberflächlich am Condylus medialis der Tibia („Pes anserinus superficialis")	**F:** Hüftgelenk: Adduktion, Flexion, Außenrotation Kniegelenk: Flexion, Innenrotation

M. adductor brevis
N. obturatorius (Plexus lumbalis)

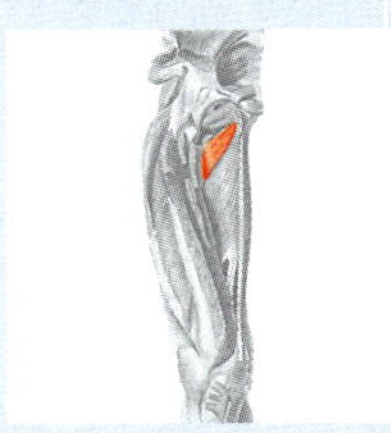	**U:** Ramus inferior ossis pubis	**A:** proximales Drittel des Labium mediale der Linea aspera	**F:** Hüftgelenk: Adduktion, Flexion, Außenrotation

M. adductor longus
N. obturatorius (Plexus lumbalis)

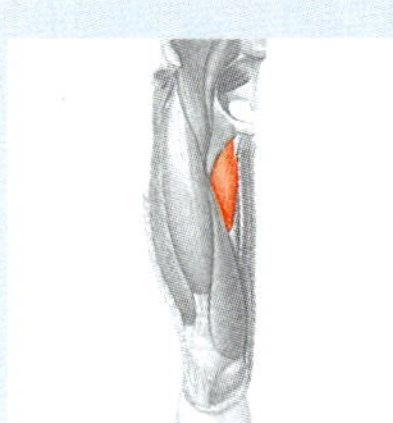	**U:** Os pubis bis zur Symphyse	**A:** mittleres Drittel des Labium mediale der Linea aspera	**F:** Hüftgelenk: Adduktion, Flexion, Außenrotation

M. adductor magnus (Eine unvollständige proximale Abspaltung des M. adductor magnus wird als M. adductor minimus bezeichnet.)
Hauptteil: *N. obturatorius (Plexus lumbalis)*; dorsaler Teil: *tibialer Anteil des N. ischiadicus (Plexus sacralis)*

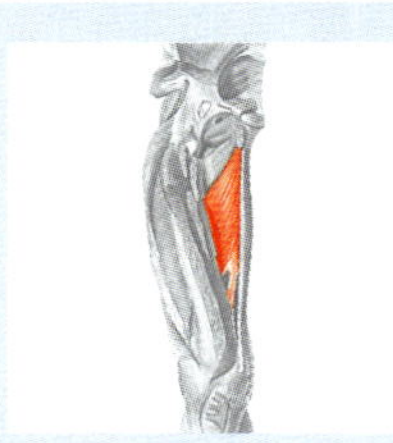	**U: Hauptteil:** Ramus inferior ossis pubis, Ramus ossis ischii **dorsaler Teil:** Tuber ischiadicum	**A:** proximale zwei Drittel des Labium mediale der Linea aspera, Epicondylus medialis des Femurs, Septum intermusculare vastoadductorium	**F:** Hüftgelenk: Adduktion, Außenrotation **Hauptteil:** Flexion **dorsaler Anteil:** Extension

47 Dorsale Muskeln des Oberschenkels (ischiokrurale Muskeln)
(→ Abb. 4.93, → Abb. 4.95, → Abb. 4.102, → Abb. 4.103b–4.106b)

Zu den dorsalen Muskeln des Oberschenkels gehören in der Reihenfolge von lateral nach medial der M. biceps femoris, der M. semitendinosus und der M. semimembranosus.

M. biceps femoris (Caput longum: zweigelenkig, Caput breve: eingelenkig)
Caput longum: Tibialis-Anteil des *N. ischiadicus (Plexus sacralis)*
Caput breve: Fibularis-Anteil *des N. ischiadicus (Plexus sacralis)*

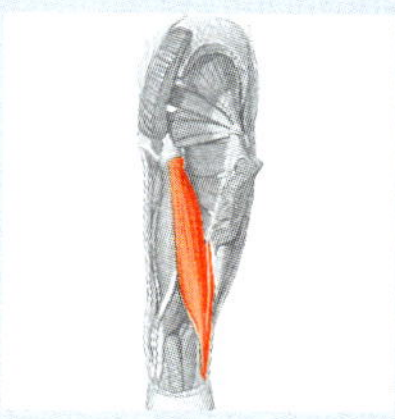	**U: Caput longum:** Tuber ischiadicum **Caput breve:** mittleres Drittel des Labium laterale der Linea aspera	**A:** Caput fibulae	**F:** <u>Hüftgelenk:</u> Extension, Außenrotation Adduktion <u>Kniegelenk:</u> Flexion, Außenrotation (wichtigster Muskel)

M. semitendinosus
Tibialis-Anteil des *N. ischiadicus (Plexus sacralis)*

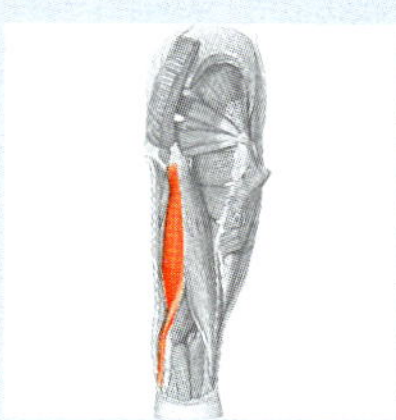	**U:** Tuber ischiadicum	**A:** Condylus medialis der Tibia („Pes anserinus superficialis")	**F:** <u>Hüftgelenk:</u> Extension, Innenrotation <u>Kniegelenk:</u> Flexion, Innenrotation

M. semimembranosus
Tibialis-Anteil des *N. ischiadicus (Plexus sacralis)*

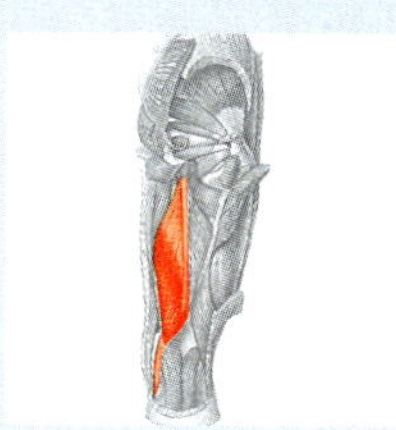	**U:** Tuber ischiadicum	**A:** Condylus medialis der Tibia („Pes anserinus profundus")	**F:** <u>Hüftgelenk:</u> Extension, Innenrotation <u>Kniegelenk:</u> Flexion (wichtigster Muskel), Innenrotation (wichtigster Muskel)

48 Ventrale Muskeln des Unterschenkels (→ Abb. 4.92, → Abb. 4.107a, → Abb. 4.108, → Abb. 4.109)

Am weitesten oberflächlich und medial verläuft der M. tibialis anterior. Nach außen folgt der M. extensor digitorum longus, aus dessen lateralem Rand häufig der M. fibularis tertius hervorgeht. Am weitesten distal liegt der M. extensor hallucis longus.

M. tibialis anterior
N. fibularis profundus (N. ischiadicus)

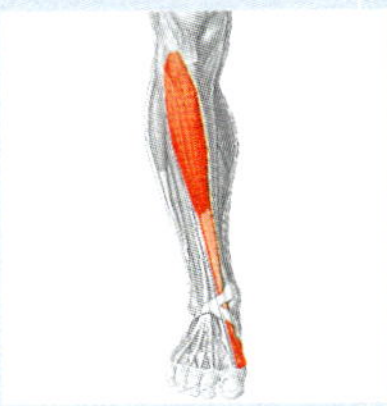

	U: Facies lateralis der Tibia, Fascia cruris, Membrana interossea	**A:** Os metatarsi I, Os cuneiforme mediale	**F:** oberes Sprunggelenk: Dorsalflexion (wichtigster Muskel) unteres Sprunggelenk: Supination (schwach)

M. extensor hallucis longus
N. fibularis profundus (N. ischiadicus)

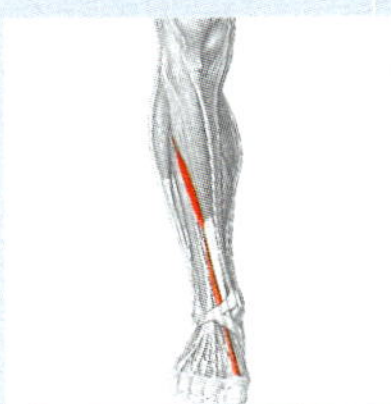

	U: Facies medialis der Fibula, Membrana interossea, Fascia cruris	**A:** Endphalanx des Hallux	**F:** oberes Sprunggelenk: Dorsalflexion unteres Sprunggelenk: Pronation (schwach) Gelenke der Großzehe: Extension

M. extensor digitorum longus
N. fibularis profundus (N. ischiadicus)

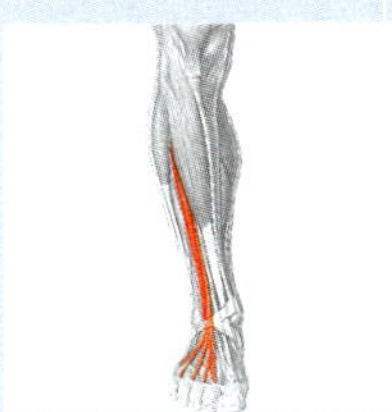

	U: Condylus lateralis der Tibia, Margo anterior der Fibula, Membrana interossea cruris, Fascia cruris	**A:** Dorsalaponeurose der 2.–5. Zehe	**F:** oberes Sprunggelenk: Dorsalflexion unteres Sprunggelenk: Pronation Zehengelenke: Extension

M. fibularis [peroneus] tertius (inkonstanter Muskel)
N. fibularis profundus (N. ischiadicus)

	U: distale Abspaltung des M. extensor digitorum longus	**A:** Os metatarsi V	**F:** oberes Sprunggelenk: Dorsalflexion unteres Sprunggelenk: Pronation

49 Laterale (fibulare) Muskeln des Unterschenkels (→ Abb. 4.92, → Abb. 4.107b, → Abb. 4.108, → Abb. 4.109)

Lateral liegt oberflächlich der M. fibularis longus, distal von ihm der M. fibularis brevis.

M. fibularis [peroneus] longus
N. fibularis superficialis (N. ischiadicus)

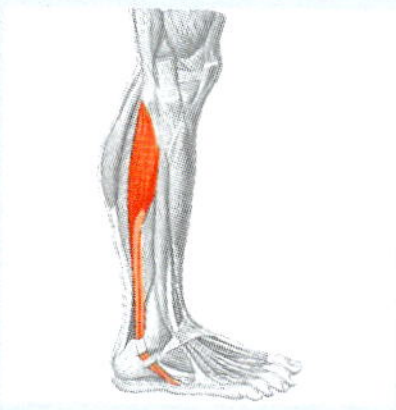

U: Caput fibulae, proximale zwei Drittel der Fibula, Fascia cruris

A: Tuberositas ossis metatarsi I, Os cuneiforme mediale

F: oberes Sprunggelenk: Plantarflexion
unteres Sprunggelenk: Pronation (wichtigster Muskel)

M. fibularis [peroneus] brevis
N. fibularis superficialis (N. ischiadicus)

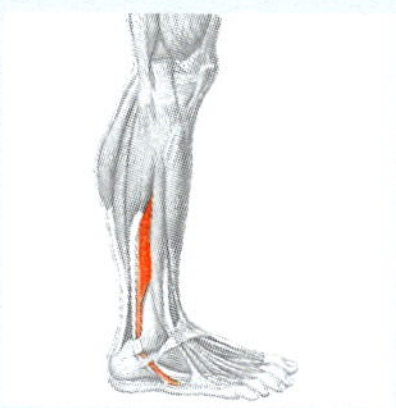

U: distale Hälfte der Fibula

A: Tuberositas ossis metatarsi V

F: oberes Sprunggelenk: Plantarflexion
unteres Sprunggelenk: Pronation

50 Dorsale oberflächliche Muskeln des Unterschenkels (→ Abb. 4.93, → Abb. 4.107c, → Abb. 4.110, → Abb. 4.111)

Das Relief der Wade wird von den Köpfen des M. gastrocnemius geprägt. Er liegt dem M. soleus auf und bildet mit diesem zusammen den M. triceps surae. Der sehr kleine M. plantaris kann als vierter Kopf dieses Muskels aufgefasst werden.

M. triceps surae (Die breite Sehne des M. triceps surae wird als Achillessehne bezeichnet.)
N. tibialis (N. ischiadicus)

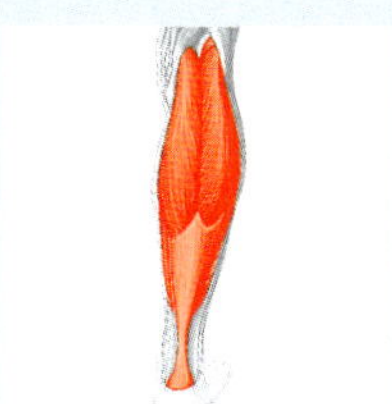

U: M. gastrocnemius, Caput mediale: Condylus medialis des Femurs
M. gastrocnemius, Caput laterale: Condylus lateralis des Femurs
M. soleus: proximales Drittel der Fibula, Facies posterior der Tibia (Linea musculi solei), Arcus tendineus musculi solei

A: Tuber calcanei

F: Kniegelenk (nur M. gastrocnemius und M. plantaris): Flexion
oberes Sprunggelenk: Plantarflexion (wichtigster Muskel)
unteres Sprunggelenk: Supination (wichtigster Muskel)

M. plantaris
N. tibialis (N. ischiadicus)

U: Condylus lateralis des Femurs

A: Tuber calcanei

F: Kniegelenk: Flexion
oberes Sprunggelenk: Plantarflexion
unteres Sprunggelenk: Supination

51 Dorsale tiefe Muskeln des Unterschenkels (→ Abb. 4.107c, d, → Abb. 4.112, → Abb. 4.113)

Am weitesten proximal zieht der M. popliteus schräg nach lateral zum Kniegelenk. Von den zum Fuß verlaufenden Muskeln liegt der M. tibialis posterior in der Mitte. Medial liegt der M. flexor digitorum longus, lateral der M. flexor hallucis longus.

M. popliteus *N. tibialis (N. ischiadicus)*			
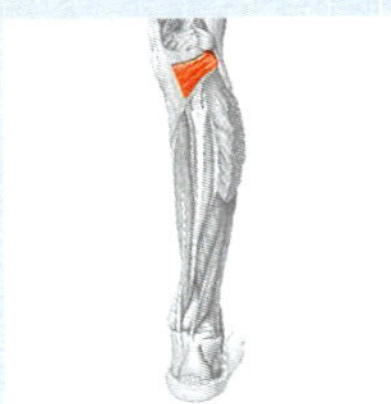	**U:** Condylus lateralis des Femurs, Hinterhorn des Außenmeniskus	**A:** Facies posterior der Tibia oberhalb der Linea musculi solei	**F:** Kniegelenk: Innenrotation, verhindert Einklemmung des Meniskus
M. tibialis posterior *N. tibialis (N. ischiadicus)*			
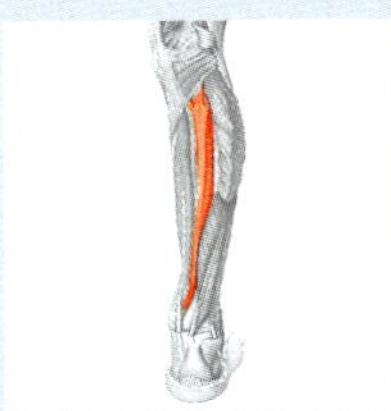	**U:** Membrana interossea, Tibia und Fibula	**A:** Tuberositas ossis navicularis, Plantarfläche der Ossa cuneiformia I–III, Ossa metatarsi II–IV	**F:** oberes Sprunggelenk: Plantarflexion unteres Sprunggelenk: Supination (zweitwichtigster Muskel)
M. flexor digitorum longus *N. tibialis (N. ischiadicus)*			
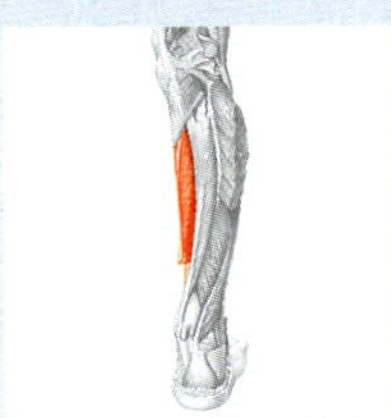	**U:** Facies posterior der Tibia	**A:** Endphalanx der 2.–5. Zehe	**F:** oberes Sprunggelenk: Plantarflexion unteres Sprunggelenk: Supination Zehengelenke: Flexion
M. flexor hallucis longus *N. tibialis (N. ischiadicus)*			
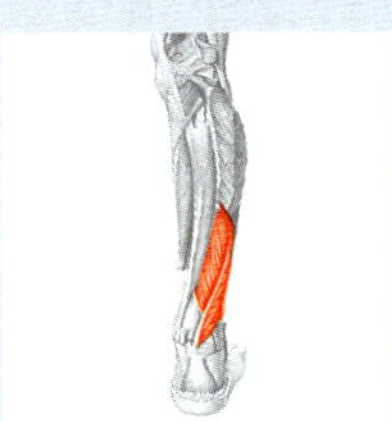	**U:** distale Facies posterior der Fibula, Membrana interossea	**A:** Endphalanx der großen Zehe	**F:** oberes Sprunggelenk: Plantarflexion unteres Sprunggelenk: Supination Gelenke der Großzehe: Flexion

52 Muskeln des Fußrückens (→ Abb. 4.109, → Abb. 4.116, → Abb. 4.117)

Die beiden Muskeln des Fußrückens springen nur wenig durch die Haut vor. Der M. extensor hallucis brevis zieht zur Großzehe, der M. extensor digitorum brevis zu den übrigen Zehen.

M. extensor digitorum brevis
N. fibularis profundus (N. ischiadicus)

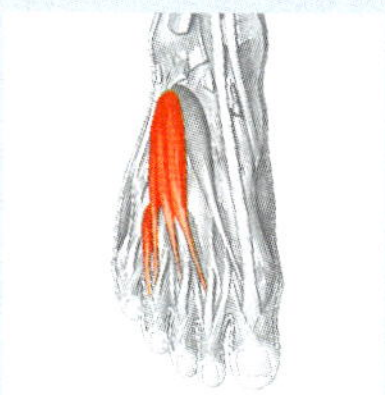

U: dorsale Fläche des Calcaneus	**A:** Dorsalaponeurose der 2.–4. Zehe	**F:** Zehengelenke II–IV: Extension

M. extensor hallucis brevis
N. fibularis profundus (N. ischiadicus)

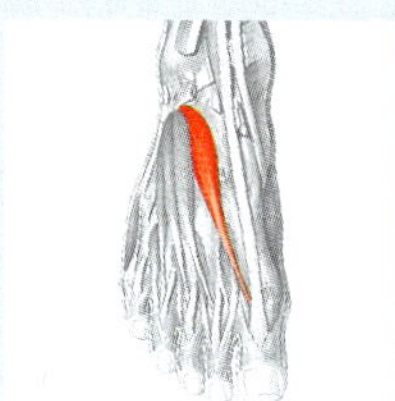

U: dorsale Fläche des Calcaneus	**A:** Grundphalanx der Großzehe	**F:** Großzehengrundgelenk: Extension

53 Mediale Muskeln der Fußsohle (→ Abb. 4.119–4.121)

Die Kontur des medialen Fußrands wird in erster Linie vom M. abductor hallucis geformt. Ihm schließt sich der M. flexor hallucis brevis an, nach lateral folgt der M. adductor hallucis.

M. abductor hallucis
N. plantaris medialis (N. tibialis)

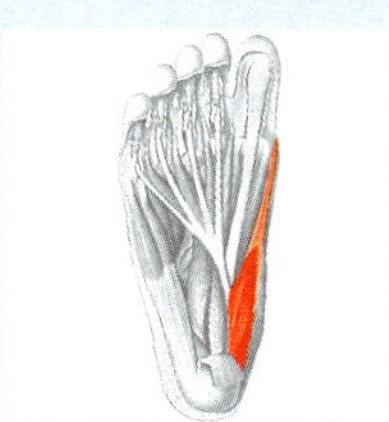

U: Proc. medialis des Tuber calcanei, Aponeurosis plantaris, Retinaculum musculorum flexorum	**A:** mediales Sesambein des Großzehengrundgelenks, Grundphalanx der Großzehe	**F:** Großzehengrundgelenk: Abduktion, Flexion, Verspannung der medialen Fußlängswölbung

M. flexor hallucis brevis
Caput mediale: *N. plantaris medialis (N. tibialis)*
Caput laterale: *N. plantaris lateralis (N. tibialis)*

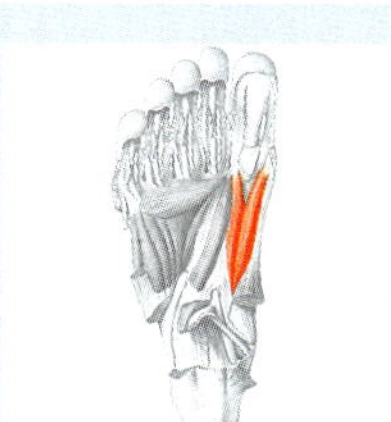

U: Plantarfläche der Ossa cuneiformia, plantare Bänder	**A: Caput mediale:** mediales Sesambein des Großzehengrundgelenks, Grundphalanx der Großzehe **Caput laterale:** laterales Sesambein des Großzehengrundgelenks, Grundphalanx der Großzehe	**F:** Großzehengrundgelenk: Flexion, Verspannung der Fußlängswölbung

53 Mediale Muskeln der Fußsohle (Fortsetzung)

M. adductor hallucis
N. plantaris lateralis (N. tibialis)

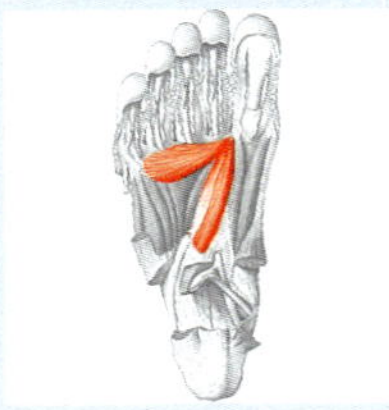

U: Caput obliquum: Os cuboideum, Os cuneiforme laterale, plantare Bänder **Caput transversum:** Kapseln der Grundgelenke der 3.–5. Zehen, Lig. metatarsale transversum profundum	**A:** laterales Sesambein der Kapsel des Großzehengrundgelenks, Grundphalanx der Großzehe	**F:** Großzehengrundgelenk: Adduktion zur 2. Zehe, Flexion, Verspannung der Fußlängs- und Querwölbung

54 Muskeln der Fußsohlenmitte (→ Abb. 4.116, → Abb. 4.117, → Abb. 4.119–4.122)

Mit der Plantaraponeurose proximal verwachsen ist der M. flexor digitorum brevis. Unter ihm geht der M. quadratus plantae mit der Hauptsehne des M. flexor digitorum longus eine Verbindung ein. Von dessen vier Sehnenzweigen entspringen die Mm. lumbricales pedis I–IV. Die Mm. interossei plantares I–III und die Mm. interossei dorsales pedis I–IV füllen die Räume zwischen den Ossa metatarsi.

M. flexor digitorum brevis (Die Sehnen dieses Muskels werden kurz vor ihrem Ansatz von den Sehnen des M. flexor digitorum longus durchbohrt.)
N. plantaris medialis (N. tibialis)

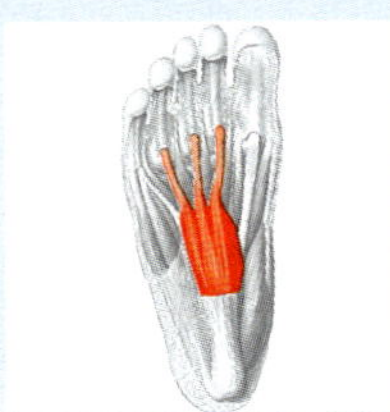

U: Plantarfläche des Tuber calcanei, Aponeurosis plantaris	**A:** Mittelphalanx der 2.–5. Zehe	**F:** Grund- und Mittelgelenke der Zehen: Flexion, Verspannung der Fußlängswölbung

M. quadratus plantae
N. plantaris lateralis (N. tibialis)

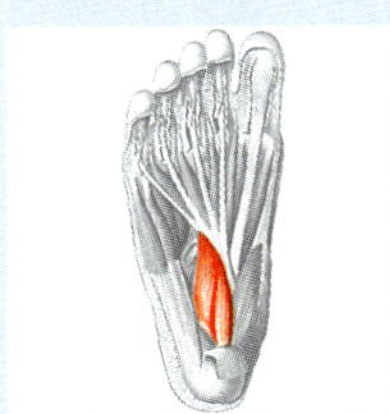

U: Plantarfläche des Calcaneus, Lig. plantare longum	**A:** lateraler Rand der Sehne des M. flexor digitorum longus	**F:** unterstützt M. flexor digitorum longus

Mm. lumbricales pedis I–IV
Nn. plantares medialis (I) und lateralis (II–IV) (N. tibialis)

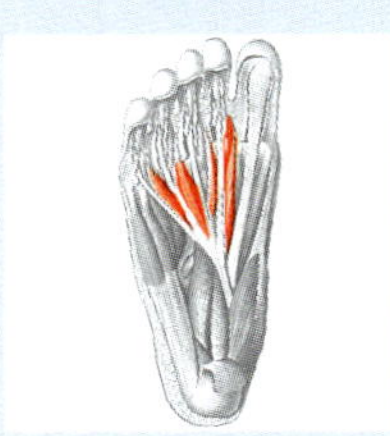

U: M. lumbricalis pedis: Sehnen des M. flexor digitorum longus I: einköpfig II–IV: zweiköpfig	**A:** mediale Seite der Grundphalanx der 2.–5. Zehe	**F:** Grundgelenke der Zehen: Flexion, Adduktion

Mm. interossei plantares pedis I–III
N. plantaris lateralis (N. tibialis)

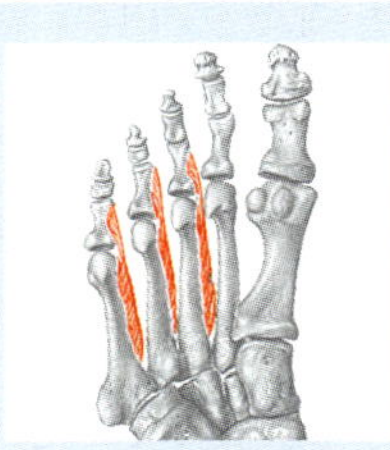

U: Plantarfläche der Ossa metatarsi III–V, Lig. plantare longum	**A:** mediale Seite der Grundphalanx der 3.–5. Zehe	**F:** Grundgelenke der Zehen: Flexion, Adduktion zur 2. Zehe

54 Muskeln der Fußsohlenmitte (Fortsetzung)

Mm. interossei dorsales pedis I–IV (zweiköpfige Muskeln)
N. plantaris lateralis (N. tibialis)

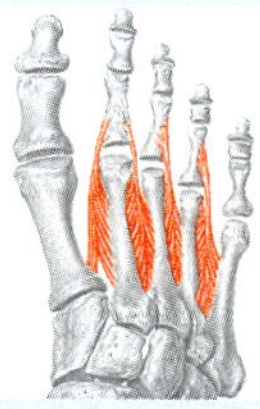

U: einander zugewandte Seiten der Ossa metatarsi I–V, Lig. plantare longum

A: Grundphalanx der 2.–4. Zehe (2. beidseits, 3. und 4. Zehe von lateral)

F: Grundgelenke der Zehen: Flexion, Abduktion der 2. Zehe nach medial, der 3. und 4. Zehe nach lateral

55 Laterale Muskeln der Fußsohle (→ Abb. 4.119–4.121)

Entlang dem lateralen Fußrand zieht der M. abductor digiti minimi. Unter seiner plantaren Fläche erstrecken sich der M. flexor digiti minimi brevis und der M. opponens digiti minimi.

M. abductor digiti minimi
N. plantaris lateralis (N. tibialis)

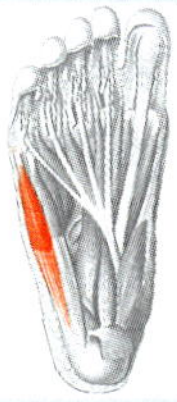

U: Proc. lateralis des Tuber calcanei, Aponeurosis plantaris

A: Tuberositas ossis metatarsi V, Grundphalanx der 5. Zehe

F: Grundgelenk der 5. Zehe: Abduktion, Flexion, Verspannung der Fußlängswölbung

M. flexor digiti minimi brevis
N. plantaris lateralis (N. tibialis)

U: Basis des Os metatarsi V, Lig. plantare longum

A: Grundphalanx der 5. Zehe

F: Grundgelenk der 5. Zehe: Flexion, Verspannung der Fußlängswölbung

M. opponens digiti minimi (inkonstanter Muskel)
N. plantaris lateralis (N. tibialis)

U: Basis des Os metatarsi V, Lig. plantare longum

A: Os metatarsi V

F: Grundgelenk der 5. Zehe: Opposition, Verspannung der Fußlängswölbung

56 Hirnnerven, Übersicht

(→ Abb. 9.52, → Abb. 9.57, → Abb. 9.58. → Abb. 12.123–12.177)

a	**N. olfactorius [I]**
b	**N. opticus [II]**
c	**N. oculomotorius [III]**
d	**N. trochlearis [IV]**
e	**N. trigeminus [V]** – N. ophthalmicus [V/1] – N. maxillaris [V/2] – N. mandibularis [V/3]
f	**N. abducens [VI]**
g	**N. facialis [VII]**
h	**N. vestibulocochlearis [VIII]**
i	**N. glossopharyngeus [IX]**
j	**N. vagus [X]**
k	**N. accessorius [XI]**
l	**N. hypoglossus [XII]**

57 Hirnnerven, Funktionen (Faserqualitäten)

(→ Abb. 9.49, → Abb. 12.127–12.177)

(ASE)	allgemeine Somato-Efferenz: Innervation der Skelettmuskulatur **(III, IV, VI, XII)**
(AVE)	allgemeine Viszero-Efferenz: Innervation von Eingeweide- und Gefäßmuskulatur und von Drüsen **(III, VII, IX, X)**
(SVE)	spezielle Viszero-Efferenz: Innervation von mimischer Muskulatur, Kaumuskulatur, Larynx, Pharynx, Oesophagus, M. sternocleidomastoideus, M. trapezius **(V, VII, IX, X, XI)**
(AVA)	allgemeine Viszero-Afferenz: Information aus Eingeweiden und Blutgefäßen etc. **(IX, X)**
(SVA)	spezielle Viszero-Afferenz: Schmecken **(VII, IX, X)**
(ASA)	allgemeine Somato-Afferenz: Schmerz, Temperatur, Information über Mechanorezeptoren aus Haut und Bewegungsapparat **(V, VII, IX, X)**
(SSA)	spezielle Somato-Afferenz: Riechen, Sehen, Hören, Gleichgewichtsempfindung **(I, II, VIII)**

58 Hirnnerven (→ Abb. 12.123–12.177)

a N. olfactorius [I] (→ Abb. 8.107, → Abb. 12.129, → Abb. 12.130)

Als N. olfactorius wird die Gesamtheit der Fila olfactoria bezeichnet. Sie stellen das periphere Neuron der Riechleitung dar.

Beginn	Riechzellen der Regio olfactoria
Durchtritt durch die Schädelbasis	Lamina cribrosa
Durchtritt durch die Dura mater	Lamina cribrosa
Eintritt am Gehirn	Bulbus olfactorius
Versorgungsgebiet	Schleimhaut (= Riechfeld) im Bereich der Kuppel der Nasenhöhle, der oberen Nasenmuschel und des oberen Anteils der Nasenscheidewand

b N. opticus [II] (→ Abb. 9.84, → Abb. 12.131, → Abb. 12.132)

Der N. opticus ist kein peripherer Nerv, sondern Teil des Diencephalons.

Beginn	Stratum ganglionare der Retina
Verlauf in der Dura mater	Vagina nervi optici
Durchtritt durch die Schädelbasis	Canalis opticus
Weiterer sichtbarer Verlauf	Chiasma opticum, kontinuierliche Fortsetzung der Fasern im Tractus opticus, Corpus geniculatum laterale
Versorgungsgebiet	Retina

c N. oculomotorius [III] (→ Abb. 12.133, → Abb. 12.134)

Kerne (Qualität)	• Nucleus nervi oculomotorii (paariger Haupt- und unpaariger Nebenkern) (ASE) • Nucleus accessorius nervi oculomotorii (AVE) → Ganglion ciliare
Austrittsstelle am Gehirn	Fossa interpeduncularis des Mittelhirns
Lage im Subarachnoidalraum	Cisterna basalis, Cisterna interpeduncularis
Eintritt in die Dura mater	Dach des Sinus cavernosus
Austritt aus der Dura mater	Fissura orbitalis superior
Durchtritt durch die Schädelbasis	Fissura orbitalis superior (medialer Anteil, innerhalb des Anulus tendineus)
Versorgungsgebiet	**motorisch:** M. levator palpebrae superioris, Mm. recti superior, medialis und inferior, M. obliquus inferior **parasympathisch:** M. ciliaris, M. sphincter pupillae (über Ganglion ciliare)
Nervenanlagerungen	**sensible** Fasern aus N. nasociliaris (V/1) **sympathische** Fasern aus Plexus ophthalmicus

d N. trochlearis [IV] (→ Abb. 12.133, → Abb. 12.134)

Kern (Qualität)	• Nucleus nervi trochlearis (ASE)
Austrittsstelle am Gehirn	dorsal, kaudal des Colliculus inferior (Tectum mesencephali)
Lage im Subarachnoidalraum	Cisterna ambiens, Cisterna basalis
Eintritt in die Dura mater	Zwickel zwischen Plicae petroclinoideae anterior und posterior
Verlauf in der Dura mater	laterale Wand des Sinus cavernosus
Austritt aus der Dura mater	Fissura orbitalis superior
Durchtritt durch die Schädelbasis	Fissura orbitalis superior (lateraler Anteil)
Versorgungsgebiet	**motorisch:** M. obliquus superior

e N. trigeminus [V] (→ Abb. 12.143, → Abb. 12.144, → Abb. 12.146, → Abb. 12.147)	
Kerne (Qualität)	• Nucleus mesencephalicus nervi trigemini (ASA) • Nucleus pontinus nervi trigemini (Nucleus principalis nervi trigemini) (ASA) • Nucleus spinalis nervi trigemini (ASA) • Nucleus motorius nervi trigemini (SVE)
Austrittsstelle am Gehirn	Seitenrand des Pons
Lage im Subarachnoidalraum	Cisterna basalis, Cavum trigeminale
Eintritt in die Dura mater	als Ganglion trigeminale in die laterale Wand des Sinus cavernosus
Aufteilung in drei Äste	– N. ophthalmicus [V/1] – N. maxillaris [V/2] – N. mandibularis [V/3]
– N. ophthalmicus [V/1] Verlauf in der Dura mater	laterale Wand des Sinus cavernosus
Austritt aus der Dura mater	Fissura orbitalis superior
Austritt aus der Schädelbasis	Fissura orbitalis superior – N. nasociliaris: medialer Anteil – N. frontalis: lateraler Anteil – N. lacrimalis: lateraler Anteil
Versorgungsgebiet	**sensibel:** Dura mater der vorderen Schädelgrube, Falx cerebri, Tentorium cerebelli, Stirn, Oberlid, Nasenrücken, Sclera, Cornea, Cellulae ethmoidales anteriores, Sinus sphenoidalis, Nasenhöhle (vorderer Teil)
– N. maxillaris [V/2] Verlauf in der Dura mater	laterale Wand des Sinus cavernosus
Austritt aus der Dura mater	Foramen rotundum
Austritt aus der Schädelbasis	Foramen rotundum
Versorgungsgebiete	**sensibel:** Dura mater der Fossa cranii media, Wange, Unterlid, Seitenfläche der Nase, Oberlippe, Zähne und Gingiva des Oberkiefers, Cellulae ethmoidales posteriores, Sinus sphenoidalis, Sinus maxillaris, Conchae nasales superior und media, Palatum, Tonsilla palatina, Pharynx (Dach)
Nervenanlagerungen	**parasympathische (sekretorische) Fasern** an div. Rr. nasales für die Glandulae nasales, die Nn. palatini für die Glandulae palatinae sowie an den N. zygomaticus für die Glandula lacrimalis (aus Nucleus salivatorius superior über N. facialis, N. petrosus major und Rr. ganglionares zum Ganglion pterygopalatinum, N. zygomaticus, R. communicans cum nervo zygomatici [Tränendrüsenanastomose], N. lacrimalis)
– N. mandibularis [V/3] Verlauf in der Dura mater	laterale Wand des Sinus cavernosus
Austritt aus der Dura mater	Foramen ovale
Austritt aus der Schädelbasis	Foramen ovale
Versorgungsgebiete	**motorisch:** Kaumuskeln, M. tensor veli palatini, M. mylohyoideus, M. digastricus (Venter anterior), M. tensor tympani **sensibel:** Dura mater der Fossa cranii media, Cellulae mastoideae, Haut des Unterkiefers, Schläfe, Wange, Ohrmuschel (oberer Teil), Gehörgang, Trommelfell (außen), Zähne und Zahnfleisch des Unterkiefers, vordere zwei Drittel der Zunge, Isthmus faucium, Kiefergelenk
Nervenanlagerungen	**sensorisch:** vordere zwei Drittel der Zunge (aus N. facialis [VII] über Chorda tympani zum N. lingualis) **parasympathische (sekretorische) Fasern** a) zum N. lingualis für die Glandulae submandibularis und sublingualis (aus Nucleus salivatorius superior über N. facialis und Chorda tympani zum Ganglion submandibulare) b) zum N. auriculotemporalis für die Glandula parotidea (aus Nucleus salivatorius inferior über N. glossopharyngeus, N. tympanicus, Plexus tympanicus und N. petrosus minor zum Ganglion oticum)

f N. abducens [VI] (→ Abb. 12.133, → Abb. 12.134)	
Kern (Qualität)	• Nucleus nervi abducentis (ASE)
Austrittsstelle am Gehirn	zwischen Pons und Pyramis
Lage im Subarachnoidalraum	Cisterna basalis
Eintritt in die Dura mater	oberes Drittel des Clivus
Verlauf in der Dura mater	frei durch Sinus cavernosus, lateral der A. carotis interna
Austritt aus der Dura mater	Fissura orbitalis superior
Durchtritt durch die Schädelbasis	Fissura orbitalis superior, medialer Anteil (innerhalb des Anulus tendineus)
Versorgungsgebiet	**motorisch:** M. rectus lateralis

g N. facialis [VII] (→ Abb. 12.151–12.153, → Abb. 12.155, → Abb. 12.156)	
Kerne (Qualität)	• Nucleus nervi facialis (SVE) • Nucleus salivatorius superior (AVE) → Ganglion pterygopalatinum → Ganglion submandibulare • Nucleus solitarius (SVA) • Nucleus spinalis nervi trigemini (ASA)
Austrittsstelle am Gehirn	Kleinhirnbrückenwinkel
Lage im Subarachnoidalraum	Cisterna basalis, Cisterna pontocerebellaris
Eintritt in die Schädelbasis	Porus → Meatus acusticus internus
Durchtritt durch die Dura mater	Fundus meatus acustici interni
Verlauf innerhalb der Schädelbasis	Canalis nervi facialis
Austritt aus der Schädelbasis	Foramen stylomastoideum
Versorgungsgebiete	**motorisch:** mimische Muskulatur, Mm. auriculares, M. digastricus (Venter posterior), M. stylohyoideus, M. stapedius **sensorisch:** vordere zwei Drittel der Zunge (über Chorda tympani zum N. lingualis) **parasympathisch:** Glandula lacrimalis, Glandulae nasales, Glandulae palatinae (über Ganglion pterygopalatinum), Glandula submandibularis, Glandula sublingualis (über Ganglion submandibulare)
Nervenanlagerungen	**sensible Fasern** aus dem N. trigeminus an die Gesichtsäste des N. facialis

h N. vestibulocochlearis [VIII] (→ Abb. 12.159, → Abb. 12.160)	
Kerne (Qualität)	• Nuclei cochleares anterior und posterior (SSA) • Nuclei vestibulares medialis, lateralis, superior und inferior (SSA)
Austrittsstelle am Gehirn	Kleinhirnbrückenwinkel
Lage im Subarachnoidalraum	Cisterna basalis, Cisterna pontocerebellaris
Eintritt in die Schädelbasis	Porus → Meatus acusticus internus
Austritt aus der Dura mater	Fundus meatus acustici interni
Verlauf innerhalb der Schädelbasis	direkt zum Labyrinth des Felsenbeins
Versorgungsgebiete	**sensorisch:** N. cochlearis: Gehörorgan (= CORTI-Organ) **sensorisch:** N. vestibularis: Gleichgewichtsorgan

i N. glossopharyngeus [IX] (→ Abb. 12.162, → Abb. 12.163)	
Kerne (Qualität)	• Nucleus ambiguus (SVE) • Nucleus solitarius (SVA und AVA) • Nucleus salivatorius inferior (AVE) → Ganglion oticum • Nucleus spinalis nervi trigemini (ASA)
Austrittsstelle am Gehirn	Medulla oblongata: Sulcus retroolivaris
Lage im Subarachnoidalraum	Cisterna basalis
Durchtritt durch die Dura mater	Foramen jugulare
Durchtritt durch die Schädelbasis	Foramen jugulare
Versorgungsgebiete	**motorisch:** Pharynxmuskeln (kranialer Anteil), M. levator veli palatini, M. palatoglossus, M. palatopharyngeus, M. stylopharyngeus **sensibel:** Pharynxschleimhaut (kranialer Anteil), Tonsilla palatina, hinteres Drittel der Zunge, Plexus tympanicus, Membrana tympani (innen), Sinus caroticus **sensorisch:** Zunge (hinteres Drittel) **parasympathisch:** Glandula parotidea (über Ganglion oticum), Glandulae linguales (hintere)

j N. vagus [X] (→ Abb. 12.166–12.168)	
Kerne (Qualität)	• Nucleus ambiguus (SVE) • Nucleus solitarius (SVA, AVA) • Nucleus dorsalis nervi vagi (AVE, AVA) • Nucleus spinalis nervi trigemini (ASA)
Austrittsstelle am Gehirn	Medulla oblongata: Sulcus retroolivaris
Lage im Subarachnoidalraum	Cisterna basalis
Durchtritt durch die Dura mater	Foramen jugulare
Durchtritt durch die Schädelbasis	Foramen jugulare
Versorgungsgebiete	**motorisch:** Pharynxmuskeln (kaudaler Anteil), M. levator veli palatini, M. uvulae, Larynxmuskeln **sensibel:** Dura mater der Fossa cranii posterior, Tiefe des Meatus acusticus externus, Membrana tympani (außen) **sensorisch:** Zungengrund **parasympathisch:** Hals-, Thorax- und Bauchorgane bis zum CANNON-BÖHM-Punkt

k N. accessorius [XI] (→ Abb. 12.172, → Abb. 12.173)	
Kerne (Qualität)	• Nucleus ambiguus (SVE) • Nucleus nervi accessorii (SVE)
Austrittsstellen am Gehirn	Radices craniales: Medulla oblongata: Sulcus retroolivaris → N. vagus [X] Radices spinales: Medulla cervicalis (lateral)
Lage im Subarachnoidalraum	Cisterna basalis
Eintritt in die Schädelhöhle	Foramen magnum (Radices spinales)
Durchtritt durch die Dura mater	Foramen jugulare
Durchtritt durch die Schädelbasis	Foramen jugulare
Versorgungsgebiete	**motorisch:** M. sternocleidomastoideus, M. trapezius (gemeinsam mit Plexus cervicalis)

l N. hypoglossus [XII] (→ Abb. 12.175, → Abb. 12.177)	
Kern (Qualität)	• Nucleus nervi hypoglossi (ASE)
Austrittsstelle am Gehirn	Medulla oblongata: Sulcus anterolateralis
Lage im Subarachnoidalraum	Cisterna basalis
Durchtritt durch die Dura mater	Canalis nervi hypoglossi
Durchtritt durch die Schädelbasis	Canalis nervi hypoglossi
Versorgungsgebiete	**motorisch:** innere Zungenmuskeln, M. styloglossus, M. hyoglossus, M. genioglossus

59 Funktionelle Gliederung des Isokortex: primäre und sekundäre Rindenfelder (→ Abb. 12.84)

primäre Rindenfelder*	**Lage**	**BRODMANN-Areal(e)** (die Hemisphärenrinde wird nach histologischen Parametern in 52 Rindenfelder/ Areae eingeteilt)
primäre somatomotorische Rinde (Motocortex)	Gyrus precentralis, Frontallappen	4
primäre somatosensible Rinde	Gyrus postcentralis, Parietallappen	1, 2 und 3
primäre Geschmacksrinde	unterer Bereich des Gyrus postcentralis (entspricht dem sensorischen kortikalen Repräsentationsfeld der Zunge) im Bereich der Pars opercularis sowie in Bereichen der Inselrinde	43
primäre Sehrinde	im Bereich des Sulcus calcarinus im Okzipitallappen	17
primäre Hörrinde	Gyri temporales transversi (HESCHL-Querwindungen) des Gyrus temporalis superior im Temporallappen	41

* Nicht aufgeführt sind das primäre olfaktorische Areal (Cortex prepiriformis) sowie die zahlreichen vestibulären Primärfelder des Isokortex.

sekundäre Rindenfelder*	**Lage**	**BRODMANN-Areal(e)** (die Hemisphärenrinde wird nach histologischen Parametern in 52 Rindenfelder/ Areae eingeteilt)
sekundäre motorische Rindenfelder (prä- und supplementärmotorische Rinde)	vor der primären motorischen Rinde im Frontallappen	6, 8
sekundäre somatosensible Rinde	hinterer Teil der primären somatosensiblen Rinde im Parietallappen	5
sekundäre Sehrinde	angrenzend an die primäre Sehrinde im Okzipitallappen	18, 19
sekundäre Hörrinde	angrenzend an die primäre Hörrinde im Temporallappen	42

* Es sind nur die wichtigsten sekundären Rindenfelder aufgeführt.

60 Thalamuskerne (Auswahl) (→ Abb. 12.103)

Gruppe	**Kern**	**Funktion**
spezifische sensorische Schaltkerne	Nucleus ventralis posterolateralis	Sensibilität aus Spinalnerven
	Nucleus ventralis posteromedialis	Sensibilität Kopf und Geschmack
	Nucleus corporis geniculati medialis	Teil der Hörbahn
	Nucleus corporis geniculati lateralis	Teil der Sehbahn
spezifische motorische Schaltkerne	Nuclei ventrales anterior et intermedius	Koordination von Kleinhirn und basalem motorischem System
Assoziationskerne	Nuclei pulvinares	Integration verschiedener Sinnesempfindungen
	Nuclei mediales	enge Beziehung zur präfrontalen Hirnrinde („Persönlichkeit")
	Nuclei anteriores	Teil des limbischen Systems
unspezifische Schaltkerne	Nuclei intralaminares (centromedianus, parafascicularis)	Teile des retikulären Systems, wichtig für Wachheit und Bewusstsein
	Nuclei mediani	sensorische Integration

Register

Die Fundstellen beziehen sich auf die Nummer der Tabelle.